KB074124

모터를 알기 쉽게 배운다

장난감으로부터 꿈의 모터까지

겐죠 다카시 지음

김재관·김영석·우종수·이규창·이희창·차상윤 옮김

전파과학사

【옮긴이】

김재관
일본 도호쿠대학 재료물성학과 졸업
(공학 박사)
포항제철기술연구소를 거쳐 산업기술과학
기술연구소 전기강판 연구실 주임연구원

김영석
일본 고베대학 기계공학과 졸업
(공학 박사)
포항제철기술연구소를 거쳐 산업기술과
학기술연구소 용접연구센터 책임연구원

우종수
미국 MIT 재료공학과 졸업
(공학 박사)
포항제철기술연구소를 거처 산업기술
과학기술연구소 전기강판 연구실 실장

이규창
일본 도호쿠대학 재료가공학과 졸업
(공학 박사)
산업과학기술연구소 구조금속실
주임연구원

이희창
산업과학기술연구소 연구정보실 근무

차상윤
부산대학 물리학과 졸업(공학 박사)
산업과학기술연구소 전기강판 연구실
선임연구원

머리말

 내가 캘리포니아의 항만도시인 롱비치(Long Beach)에 정박하고 있는 퀸메리호의 이등 선실의 책상 앞에서 집필을 시작했을 때이다.

 선내를 산보하던 도중에 81,000톤급, 2,000명 정원의 이 호화 여객선이 1936년 영국의 사우샘프턴(Southampton)항에서 뉴욕을 향해 검은 연기를 뿜으면서 첫 항해를 시작했을 때의 사진이 갑판에 장식되어 있는 것을 보았다. 그리고 영국의 대제상인 처칠이 외국여행 때 묵었던 일등 스위트룸에서 학회의 주최자와 인사를 나누고 유쾌한 잡담을 했다. 나의 숙소인 이등 선실은 그다음 등급이었지만 충분히 넓었고, 2개의 작고 둥그런 창으로는 롱비치 시내의 풍경과 휴일을 즐기는 요트의 유쾌한 질주가 보이는 그런 방이었다.

 4일간 이 퀸메리호의 홀에서 모터와 그 운전법에 대한 국제 회의가 열리게 되어서, 나도 강연과 미국 등 기타 외국인들과의 교류를 위해 동경으로부터 온 것이다. 물론 이 배로 항해해서 온 것은 아니고, 나리타에서 점보제트기로 9시간이나 비행한 후 로스앤젤레스에 도착하여 공항에서 롱비치 항구까지 동료의 차를 신세졌다. 그리고 지금은 정박만 되어 호텔로서의 여생을 보내고 있는 퀸메리호에 머물러 있는 중이다.

 이제부터 서술하려 하는 소형 모터에 관한 것을 생각하면, 이 퀸메리호와 같은 옛날 세계 여행의 상징이었던 호화 여객선 시대가 이미 끝나 버린 것과 같이, 모터를 사용할 수 없게 되

는 시대가 혹시 오지나 않을까 하는 걱정스러운 마음에 휩싸인
다. 회고해 보면, 1964년 동해도 신칸센(東海道新幹線)이 개통
되고 동경 올림픽을 일본이 주최했을 즈음, 전자공학이 크게
발전되고 있는 동안에 모터의 진보는 더 이상 없을 것이라고
많은 기술자들은 느끼고 있었던 것 같다.

그런데 그 시절부터 소형 모터의 연구가 오디오(Audio) 기기
의 메이커를 주체로 은밀히 시작되어 새로운 발전의 기반이 형
성된 것은 지금 생각해 보아도 흥미로운 사실이다. 또 퍼스널
컴퓨터(퍼스컴)와 VTR, 혹은 로봇용 소형 모터의 생산현황을
조사해 보면 매년 착실히 신장되고 있는 것을 알 수가 있다.
그리고 일본은 모터의 최대 수출국이며, 미국은 반대로 최대
수입국이다. 다행히도 이와 같이 모터는 우리들의 생활과 산업
속에 연연히 맥을 이어가고 있다.

롱비치 관광명물의 또 하나가 스풀스 구즈라는 세계 최대의
비행기이다. 8개의 프로펠러기로 가볍고 튼튼한 스풀스라는 나
무로 만들어진 수상기이다. 1949년에 지금의 점보기보다도 큰
7m의 날개폭을 가진 중량 180톤의 이 비행기가 하워드 휴즈
에 의해 제작되어 그 자신에 의해 시험 비행되었다. 스풀스 구
즈는 이 시험 비행에서 1,000m를 비행한 것으로 실용화는 되
지 않았지만, 휴즈가 만든 대형기가 1970년에 나타난 점보기
의 기초를 이룬 것은 아닌가 하고 문득 생각했다. 역시 미국인
의 개척정신은 탄복할 만하다.

모터 분야에서도 기본적인 발명과 발상은 거의 유럽이나 미
국 사람들에 의해 이루어졌다. 소형 모터의 개발에 대한 꾸준
하고 참신한 연구가 많은 일본인 기술자에 의해 시행되어

20~30년 전의 모터와 비교하면 소형으로 힘이 강력하며 정확한 작동을 하는 모터가 무수히 만들어지게 되었다.

그렇지만 프로펠러기가 제트기가 되고, 혹은 진공관이 트랜지스터를 거쳐 집적회로(IC)가 된 것처럼 근본적이고 획기적인 변화가 모터 분야에서는 아직 일어나지 않고 있다. 앞으로 얼마 동안은 종래 원리의 모터가 개량되어 사용될 것이 확실하다.

그러나 세계의 어딘가에서 모터의 발전에 그 누가 위대한 공헌을 할지는 장담할 수 없는 것이다. 혹시, 이 책의 독자 중 한 사람이 이 위대한 업적으로 빛나는 장래를 약속받을지도 모르는 것이다. 이러한 기대를 하면서 펜을 들까 한다.

겐죠 다카시

유도 모터

옮긴이의 말

모터에 대해서 공부를 하기 위해 적당한 책을 고른다는 일이 결국은 번역본을 내기에 이르렀다. 역자가 주로 다루는 분야가 전자석 재료인 관계로, 모터에서 전자석이 사용되는 원리를 잘 이해하는 것이 좋은 재료를 개발하는 데 무엇보다도 필요하였다. 그러나 국내 서점에 나와 있는 대부분의 책들은 우리와 같은 비전문가들이 알기 쉽게 이해하고 또 머릿속에 남겨 이용하기에는 너무 수준이 어려운 것들뿐이었다. 그러던 중 우연한 기회에 이 책을 접하게 되었는데, 많은 종류의 모터들에 대한 구조와 원리가 알기 쉽게 설명되어 있어 비전문가가 처음부터 공부하기에는 안성맞춤으로 생각되었다.

본격적인 공부를 시작하기 전 몇몇 사람이 대충 읽어 보고 피력한 소감은, 공부를 겸해서 이 책을 아예 번역본으로 내는 것이 좋겠다는 것이었다. 즉, 공부를 하려면 일본어로 된 책을 번역해 가며 읽을 수밖에 없는데, 그 기회에 번역된 책자로 만들게 되면 계속 이 책을 보아야 하는 우리 자신에게는 물론 우리와 비슷한 처지에 있는 여러 사람들에게도 많은 도움이 될 것이라는 의견이었다. 이 같은 몇몇 사람들 사이의 의기투합이 이 책의 번역본을 내게 된 계기가 되었고, 여기에 이 같은 책들을 일본과의 계약하에 국내에서 발간하고 있는 전파과학사라는 뜻깊은 출판사가 있다는 사실이 한몫 거들었다.

역자들 모두가 공학을 전공하였기 때문에 전문용어를 사용하여 번역하는 데는 크게 어려움을 겪지 않았다. 다만 필자가 말하는 형태로 책을 저술하였기 때문에 글이 매우 산만하고 군데군데 혼란스러운 부분이 있다는 점이 원문에 충실한 번역을 곤란하게 하였다(일본의 원로학자들이 대부분 이렇게 글을 쓴다고 함). 아무튼 최선을 다해, 필자가 쓴 의도를 해하지 않는 범위 내에서 독자들이 읽고 이해하기 쉽도록 꽤 많은 곳을 직역보다는 의역하였으므로 양해해 주기 바란다. 많은 사람들이 이 책을 재미있게 읽고 도움을 받았으면 하는 것이 첫 번째 바람이고, 두 번째로는 우리나라 모터 관련 산업에 조금이나마 기여했으면 한다.

역자 대표

차례

12

제1장

모터는 어디에 이용되고 있는가?

〈모터의 이용〉
모형 전동비행기의 프로펠러는 강력한 직류 모터로 돌린다.
꼬리날개의 제어도 소형의 직류 서보 모터로 한다

1.1 모토르, 모터아, 모터, 전동기, 마달

벌써 30년 이상이나 된 옛날이야기지만, 집 근처에 '모토르 수리'라는 가게가 있었다. 가게라고는 하나 콘크리트로 보잘것 없이 지은 작은 집이었다. 그곳은 제재공장이나 철공소, 제과 공장, 나막신 공장 등 조그만 공장이 모여 있는 지역으로 그들 공장에서 전류를 너무 흘려 태워버린 모터를 수리하는 가게였 다. 직경이 30~40㎝ 정도인 모터의 뚜껑을 열고 로터(Rotor)를 꺼내어 코일을 제거하고 새로운 코일을 다시 감아 넣는 작업을 주인과 중학교를 막 졸업한 견습생 두 사람이 하고 있었다.

지금처럼 수험 공부에 쫓기던 시대는 아니었으므로 코일을 감는 작업과 니스를 칠하여 절연 처리를 하는 장면을 매일같이 구경하고 있었다. 그러는 도중에 여러 가지 의문이 생겨 그 견 습생을 찾아가 물어보았지만 만족할 만한 대답은 듣지 못했다.

우선 첫째로 공장에서 동력용으로 사용하는 전동기(電動機)를 왜 '모토르'라고 하는지 의심스러웠다. 당시 나의 흥미는 철도 모형에 있었는데, 기관차의 '전동기'는 모형상회나 학교에서도 '모터아'라고 말하고 있었기 때문이다. 그 후 의문이 풀린 것은 대학에 들어가 교양 과정에서 독일어를 공부하고 전문 과정에 서 '전기 기계'라는 과목의 수업을 들었을 때이다.

독일어로는 영어의 motor와 마찬가지로 머리글자를 대문자 로 Motor라고 쓰며, '모토르'라고 발음한다. 즉, '토'의 발음을 늘리는 것이다. 일본이 근대기술을 서양에서 배웠을 당시, 발전 기나 전동기 분야에서 진보된 독일 문헌의 영향을 받았기 때문 에 이것이 정확한 발음에 가깝다고 생각해 모토르(영어와 같이 모를 늘린다)가 된 것 같다.

저자가 독일인 청년과 사귀게 된 것은 대학 4학년 때였는데 교양 과정에서 '모토르'라고 발음했더니 그는 '모토아'라고 발음을 고쳐 주었다.

일본에서는 '전동기'라고 사용한다. 그러나 최근에 와서는 영어의 영향으로 '모터'라고 쓰는 일이 많아졌다. 본서에서는 전기학회의 지침에 따라 모터라고 기술하겠다.

영어의 발음은 '모터아'에 가깝다고 생각되는데, 보통 미국인의 발음을 들어보면 '모다아' 혹은 '모라아'로 들린다. 저자는 젊었을 때 런던의 영어 학교에서 발음 지도를 받은 적이 있는데, 교사의 발음은 '모우타'와 '마우타'의 중간으로 들렸다. 옥스퍼드대학의 사전을 조사해 보면 그것이 정통 발음답게 [ˊməʊtə]로 되어 있다.

중국에서도 전동기이며 '뗀, 돈, 지'에 가까운 발음이다. 그러나 구어체로는 '馬達'이라는 당자(當字: 본뜻에 관계없이 발음에 따라 쓰는 자)로 쓰며 '마아다'라고 한다.

모터쇼(Motor Show)라는 큰 쇼가 매년 동경에서 개최되는데 이는 자동차 전시회다. 영어의 Motor는 원동기를 지칭하는 것이며, 가솔린 엔진도 디젤 엔진이나 모터의 일종이다. 엔진이 붙은 차, 즉 자동차는 원래 Motor Car라고 했는데, 현재 단순히 Car라고 하는 것은 일본어에서 '구루마'라고 하는 것과 유사한 언어현상이다.

엔진이 붙은 이륜차를 일본어로는 오토바이라든가 바이크라 하는데, 영어에서는 Motorcycle이나 Motorbike이다. 덧붙인다면, 바이크라는 것은 자전거 바이시클의 단축형이다. 모터리제이션(Motorization)이란 단어도 자주 사용되는데, 이는 자동차의 이용이 많아지는 것을 의미하는 것 같다. 단어 강의가 조금 길어져 버린 것 같은데, 이제는 슬슬 모터의 내용으로 들어갈까 한다.

1.2 모터란?

모터라 하면 보통은 전기를 이용하여 회전운동을 만들어 내는 기계라는 것을 암시적으로 의미한다. 영어에서도 전기로 돌리는 모터를 정식으로는 Electric(al) Motor라 하는데 단순히 Motor라고 하는 것이 비교적 많은 것 같다.

그렇지만, 앞에서 지적한 바와 같이 모터쇼라고 하면 자동차 전시회를 가리키는 것과 같이 넓은 의미를 갖는 경우도 있다. 가솔린 엔진이나 디젤 엔진뿐만 아니라, 증기 엔진이나 모형 비행기에 이용되는 탄산가스 엔진도 넓은 의미의 모터에 포함된다.

이 책에서는 전기로 회전하는 모터에 한정해 보려고 하는데, 가끔은 생체적인 현상에 비추어 비유적으로 언급될 경우도 있을 것이다.

1.3 M 씨 일가의 모터를 조사한다

모터 이야기를 시작할 때 나는 "여러분의 집에서는 몇 개의 모터가 사용되고 있다고 생각합니까?"라고 묻곤 하는데, 대개는 10개 정도 혹은 많은 경우에는 20개 정도라고 대답한다. 그러한 대답에 환기팬(Fan)이 3개, 냉장고의 컴프레서(Compressor)에 1개, 청소기에 1개라는 식으로 그 예를 들어주면 여러분은 틀림없이 깜짝 놀랄 것이다. 일상생활에 쓰이는 모터를 종합해 본 예가 〈표 1-1〉이다.

동경 교외의 단독 집에 살고 있으며, 모 회사의 부장 내지는 중역 정도의 사회적 지위를 갖고 있는 중년 남자를 M 씨라고 가정하고 이야기를 해 보자. 중앙난방(Central Heating) 설비가 있고, 룸 쿨러(Room Cooler)가 있는 집에 M 씨 일가가 살고 있다. M 씨의 취미는 음악 감상과 일요일에 집안일을 하는 것이다. 아들이 2명이고 딸이 1명인데, 장남이 퍼스널 컴퓨터(Personal computer) 1세트, 차남은 무선조종 장난감 차를 2대 갖고 있다. 외동딸의 취미인 피아노에는 모터가 사용되지 않고 있지만, 집안에서 사용하고 있는 소형 모터의 수를 헤아리면 90개 가까이 된다. 거기에 자동차의 모터를 더하면 확실히 100개는 충분히 넘을 것이다. 이러한 사실을 보면 우리들의 생활은 모터 없이 생각할 수 없다는 것이 확실하다.

실제, 한 가구당 사용하는 모터의 수는 문명과 문화의 질을 나타내는 지표라고 할 수 있다. 1955년에 제작된 영화로 마릴린 먼로와 톰 이웰이 주연한 영화 〈7년 만의 외출〉을 필자는 최근에 와서 텔레비전으로 보았다. 톰 이웰의 역은 뉴욕의 출판사에 근무하는 38세 부장급의 샐러리맨이었는데, 그의 아파트에는 각방에 룸 쿨러가 설치되어 있었다. 뉴욕의 여름은 동경 못지않게 무덥다. 마릴린 먼로가 연기한 커머셜 걸(Commercial Girl: 여자 외판원)이 어느 무더운 여름밤에 그곳에 찾아가 스커트를 들썩들썩하면서 쿨러에서 나오는 시원한 바람을 즐기고 있던 장면이 지금도 퍽 인상적이었다. 그 당시 일본에 룸 쿨러를 갖고 있던 집이 있었을까?

조금 더 거슬러 올라가서 1945년대의 일본에서는 냉장고를 갖고 있던 집이 과연 어느 정도 있었을까? 있다고 하더라도 그

〈표 1-1〉 M 씨 일가의 일상생활에 있어 모터의 이용

	품목	수		품목	수		품목	수
리빙	환기팬	3	시계	클록	8	자동차	스타터	1
	선풍기	3		워치	4		와이퍼	2
	공기조절기	9					연료 펌프	1
	수도펌프	1	취미·오락	레코드 플레이어	3		파워 스티어링	1
	냉장고	2		VTR	4		라디에어터	1
	조리기기*	5		CD 플레이어	2		워터 펌프	1
	세탁기	1		카메라	4		쿨러	1
	청소기*	2		비디오카메라	2		블로어	1
	건조기	1		무선조종 장난감	4		파워 윈도	4
	이불건조기	1		전동 공구*	2		거울 구동	1
	화장실 온수 펌프	1		소독 펌프	1		안테나 구동	1
	떡 찧는 기계	1					라이트 뚜껑 개폐	2
	드라이어	2	퍼스컴	FDD	4		거리계	1
	바이브레이터*	1		프린터	3		엔진 연료조절	4
	면도기**	1					와셔	1
	전력량계	1	사무기기	복사기	1		도어 록	4
	재봉틀	1		연필깎이*	1		공기 청정기	1
	가습용 분무기	2		FAX	3		앤티노크 브레이크	1
							거리계	1
계		38			46			30

거의가 교류 모터이며, 유도 모터도 있다. *표는 유니버설 모터 **표는 직류 모터가 많다.	*전동 공구, 연필깎이는 유니버설 모터, 정보기기는 스테핑 모터와 브러시리스 DC모터가 많다.	자동차는 거의가 DC 모터인데 최근은 스테핑 모터가 증가되고 있음.

것은 지금의 냉장고처럼 모터를 돌려 프레온 가스와 컴프레서에 의해 저온을 만드는 것이 아니라, 3kg 정도의 얼음을 위 선반에 넣어 두는, 예컨대 대류(對流)를 이용한 단순한 아이스박스로 그날그날 얼음집에서 손수레로 배달을 받아야 했던 것이다.

여름철 더울 때에는 선풍기로 미지근한 바람을 맞으며 아이스박스에서 차가워진 수박을 먹을 수 있으면 그것이 당시의 최상의 생활이었던 것이다. 즉, 선풍기 모터 1개조차도 없는 생활수준이었던 것이다. 지금도 남쪽 나라에는 이에 가까운 생활수준의 나라가 많이 있지는 않을지.

일본은 세계 제일의 모터 생산국으로 전 세계 수요의 70% 정도를 일본 기업이 국내 혹은 국외에서 생산하고 있다. 어떤 회사에서는 하루에 300백만 개의 모터를 만들고 있다고 들었는데, 일본 전체의 상황이 자세하게 조사되어 있지는 않은 것 같다. 그러나 개략적으로 계산해 보면 1년에 2억 개 정도는 될 것으로 보인다. 그중 반수 정도가 일본 국내에서 소비된다고 하면 일본인 1인당 7개의 모터가 매년 증가하고 있는 것이 된다.

1.4 가정생활에 파고든 모터

다시 한 번 〈표 1-1〉에서 가정용 모터를 조사해 보자. 여기에서는 가전(家電)이라는 단어를 이용하지 말고 리빙(Living: 의식주, 화장과 건강), 시계, 취미와 오락, 퍼스널 컴퓨터, 사무기기, 자동차 6가지로 분류하여 보았다. 압도적으로 많은 것이 리빙, 취미와 오락인 것이 재미있다.

더욱이 바로 다음에 지적하는 바와 같이, 사용되는 모터의 종류도 용도의 분류에 따라 달라진다.

리빙의 분류에 포함되는 것으로 여기에서는 공기조절기, 환기팬, 수도, 화장실, 거기에 이불건조기를 들었다. 이러한 것에 사용되는 모터는 모두 교류전원을 그대로 이용하는 것으로서 2장과 3장에서 상세히 설명하게 될 유도 모터를 사용하고 있다. 유도 모터는 옛날부터 존재하는 모터이다. 리빙의 분류에 청소기를 추가한다면 이것만은 교류정류자 모터 혹은 유니버설 모터(Universal Motor)라고 불리는 모터를 사용하고 있다. 유니버설 모터를 구동하는 전원은 교류든 직류든 관계가 없는데 거의 교류를 이용하고 있다. 어른 주먹만 한 크기로 1마력(정식 국제단위는 750W, 모터가 내는 힘이 낭비되지 않는다는 가정하에 1㎥의 물을 10m의 높이로 2분 1초 만에 퍼 올릴 수 있는 능력, 2마력이라면 그 반의 시간으로 퍼 올릴 수 있다)의 출력을 갖는다. 또한 유도 모터보다도 고속으로 구동할 수 있는 이점이 있다.

지금은 냉장고가 식생활 분야에서 필수품이다. 그 외에 전자레인지, 오븐, 믹서, 계란거품기, 스피드 커터(Speed Cutter), 커피밀 등이 있다. 이 중에서 회전속도가 높은 것은 유니버설 모터를 이용하고 있는데, 냉장고와 같이 늘 이용하는 기기에는 유도 모터를 적용하고 있다.

의생활에서는 의외로 모터가 이용되고 있지 않다. 세탁기와 재봉틀은 대부분 가지고 있겠지만, 건조기는 어떨지 모르겠다.

다음으로 많은 것이 시계이다. 시계에는 클락(Clock)과 워치(Watch)가 있는데 중국어로는 '종(鐘)'과 '표(表)'로 나누고 있다. 종은 절의 종과 같이 승려가 정시에 이것을 침으로써 마을 사람들에게 '청각'을 통해 시(時)를 알렸던 것을 어원으로 한다.

현재는 벽시계와 탁상시계가 그 역할을 하고 있다. 태엽장치에 의해 매 정시에 자동적으로 '종'을 '울리'는 벽시계를 일본에서도 옛날에는 '자명종'이라 불렀다. 표는 해시계와 같이 '시각'에 의해(by Watching) 시간을 알리는 장치로 현재의 손목시계와 같은 것이다.

현재 일본에서는 위에 언급한 종과 표를 스테핑 모터로 정확하게 시간을 세분하고 있다. 종은 각 방에 1개(합계 7개)와 자명종이 3개 정도는 있을 것이다. 표(손목시계)는 각자 1개(합계 5개)와 디지털 액정으로 돼 있는 모터리스 시계가 그 외에 몇 개 더 있을 것이다.

화장도구의 전형적인 것이 헤어드라이어(Hair Dryer)다. 드라이어 내부에 있는 모터는 유니버설 모터이거나 직류 모터이다. 전지로 구동되는 면도기에는 직류 모터가 대표적으로 사용되고 있다. 마사지용 안마기도 유니버설 모터를 사용하므로 이 분류에 넣어 보았다.

매우 현대적인 모터의 사용은 퍼스널 컴퓨터 및 사무학습 기기 분야에서의 모터의 응용이다. 퍼스널 컴퓨터나 워드프로세서의 FDD(Floppy Disk Driver)에는 스테핑 모터(Stepping motor)와 브러시리스(Brushless) DC 모터가 2개씩 이용되고 있다. 스테핑 모터는 보통 직류 모터나 교류 모터와 달리 구동하기 위해서는 전자회로가 필요한데, 이 회로에 펄스를 하나씩 부여해 주면 세밀하게 일정한 각도를 단위로 하여 움직이는 모터이다. 중국어로는 동작이 연상될 수 있도록 보진전동기(步進電動機)라 한다. DC란 물론 직류이다. 보통 직류 모터는 금속이나 탄소 브러시가 있는데 이것을 트랜지스터 회로로 대신한 모터가 브러시리스 DC 모터이다.

프린터에도 역시 스테핑 모터가 3개 정도 이용되고 있으며, 복사기에는 유도 모터가 1개, 연필깎이에는 유니버설 모터가 이용되고 있다.

마지막으로 취미와 오락 관련 분야의 모터는 참으로 다양하다. 레코드플레이어, VTR, CD플레이어와 같이 정보를 재현하는 기기에는 일정한 속도로 구동하는 브러시리스 DC 모터가 이용된다. VTR에는 실린더 구동용, 캡스턴(Capstan)용, 릴(Reel)용 등 1세트에 4개의 모터가 들어가 있다. 기타 보조적 역할에는 몇 개의 DC 모터가 이용되고 있다. 카메라 자동감기, AF(자동초점)는 거의가 DC 모터이며, 1대의 카메라에 2개의 모터를 장비한 것까지 있다. 최근 AF용에 초음파 모터가 사용되기 시작했다고 하여 M 씨도 즉시 카메라를 구입하여 사용하고 있다.

무선조종 장난감 차도 대단히 재미있다. 동력용 모터는 직류 모터이고 핸들 조작이나 스위치, 전후진 및 속도제어용 서보(더 정확히 하면 동력용 모터의 전압을 조정하여 속도와 회전방향을 제어하기 위한 레버 위치 제어기구)에는 지극히 작은 직류 모터가 이용되고 있어 1대의 무선조종 장난감 차에는 3개의 모터가 이용되고 있는 셈이다.

전동 모형비행기의 프로펠러를 돌리는 것은 강력한 직류 모터이다. 수평 꼬리날개의 각도를 제어하여 기체의 자세를 조정하기 위한 서보 모터는 무선조종 장난감 차의 것보다도 더욱 소형이다. 구멍 내는 드릴과 전기톱의 동력으로는 고속 회전을 특징으로 하는 유니버설 모터가 사용되고 있다.

1.5 자동차에도 많은 모터가

승용차의 바퀴 수는 4개로 정해져 있으며 당분간은 6개나 그 이상이 되는 일은 거의 없을 것이다. 그런데 자동차에 이용되는 소형 모터[관련 분야의 사람들은 전장(電裝) 모터라 한다]의 수는 증가될 경향이다. 엔진을 시동하는 스타트 모터(속칭 셀모터, 영어의 Self-Starter Motor를 줄여서 부르게 된 것 같다)와 윈도 와이퍼용 모터, 가솔린 펌프용 모터 등 필수적인 것뿐만 아니라 파워 스티어링, 파워 윈도 안테나 구동, 사이드미러 구동 등 부가적인 용도가 압도적으로 많은 것이 재미있다. 라이트와 그 커버의 여닫음뿐만 아니라 차체의 높이 조절에까지 모터를 사용하는 시대이다.

자동차에 탑재되는 모터의 대부분은 직류 모터인데 스테핑 모터를 사용하는 사례가 있다. 재미있는 예로서는 4륜 조타(操舵, 4 Wheel Drive System)라 하여 앞바퀴뿐 아니라 뒷바퀴까지도 동시에 조타하는 자동차다. 여기에는 몇 개의 방식이 있지만 전문가들 사이에 주목을 받고 있는 것은 비교적 큰 스테핑 모터를 이용하는 방식이다. 자동차의 스피드가 느릴 때 뒷바퀴는 앞바퀴와 반대방향으로 스텝을 끊고, 고속으로 달릴 때에는 같은 방향으로 끊어지도록 자동적으로 마이크로컴퓨터(마이컴)가 스테핑 모터에 펄스(Pulse) 신호를 보내게 되어 있는 것이다.

자동차는 인간의 몸의 연장과 같은 것으로 운전수의 의지대로 다른 차와 충돌하는 일 없이 엔진의 회전속도와 차바퀴의 각도가 제어되는 것이 요구된다. 인간의 몸으로 말하면 근육이 엔진과 모터인 셈이며, 운전수의 의지를 적시에 정확하게 판단하여 모터에 제어신호를 주는 것이 마이컴을 포함한 일렉트로닉스(Electronics) 기기이다. 그런 의미로서 자동차에 있어서 전장 모터의 제어기술은 앞으로 더욱 발달할 것으로 보인다.

1.6 정보기기는 모터가 움직이게 한다

일단 집을 떠나 모터의 이용 상황을 조사해 보기로 하자. 마침 마쓰시타(松下) 전기산업의 모터사업부로부터 전시회 안내장이 도착했다. 일본에는 모터 메이커가 수백 개 있는데, 그중에서도 마쓰시타 전기는 중전기(큰 동력용 모터나 발전기)를 제외한 소형 모터 부문에서 상당히 폭넓고 활발하게 생산 활동을 하고 있는 기업의 하나이다. 안내장을 받은 즉시 전시회에 나가 보니 최근의 연구 성과를 한눈에 볼 수 있도록 레이아웃되어 매우 유익했다. 거기에서 받은 팸플릿은 최근 모터의 응용 동향을 종합한 것으로 정보, 산업, FA, 전장, 음향, 영상, 가전 제품으로 분류되어 있었다.

역사적으로 보면, 모터는 오랫동안 동력원으로 사용되었지만 최근에는 동력보다도 정보조작 기기의 중추 부문에서 정밀한 작동을 시키기 위해 모터를 이용하는 경향이 짙어지고 있다.

정보기기라고 하면 얼마 전까지는 대형 계산기의 주변기기라는 이미지였는데, 현재는 퍼스널 컴퓨터(퍼스컴)에 관련되는 기기라든가 전화회선을 이용한 FAX와 같은 장치로 이미지가 변해가고 있다. 이러한 정보기기는 오피스, 금융기관, 관청, 연구소, 공장 등에서 다수 이용되고 있음은 잘 아는 사실이다.

그러면 몇 개의 예를 들어 보자.

① **플로피 디스크(Floppy Disk)와 하드디스크(Hard Disk) 장치**

플로피 디스크 장치(FDD라고 불리는 것)에는 디스크를 일정

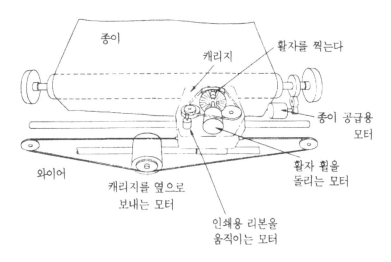

〈그림 1-1〉 데이지휠형 프린터의 구조. 많은 모터가 사용되고 있고 활자를
찍는 해머도 넓은 의미로는 일종의 모터이다

한 속도로 회전시키는 모터와 정보를 입력하거나 읽어 내기 위한 자기(磁氣) 헤드의 구동에 또 하나의 모터를 필요로 한다.

플로피란 힘이 없고 종이처럼 팔랑팔랑하다는 의미이다. 이 장치의 디스크(원반형의 자기기록 매체)는 단어 그대로 종이처럼 팔랑팔랑하다. 소프트웨어가 발달된 미국에서는 이보다도 더욱 정보량이 많은 HDD(Hard Disk Drive) 쪽을 선호하고 있다. 이것은 문자 그대로 딱딱한 디스크를 고속으로 회전시키는 장치이다. 여기에도 동종의 모터가 이용되는데 정밀도에 있어 FDD용보다도 높고, 생산설비 또한 다르다. 이 HDD용 모터에서도 전 세계 수요의 반을 일본의 전업(專業) 메이커가 지탱하고 있다.

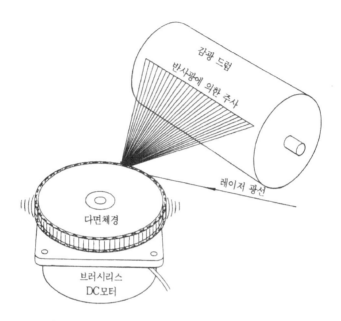

감광 드럼

반사광에 의한 추사

레이저 광선

다면체경

브러시리스
DC모터

〈그림 1-2〉 레이저 프린터의 다면체경을 고속회전시키는 브러시리스
DC 모터

② 프린터(Printer)

워드프로세서(Word Processer)로 작성된 문서나 퍼스컴의 프로그램, 계산 결과를 종이에 인쇄하는 장치를 프린터라 한다. 여러 원리의 프린터가 있는데, 인쇄하거나 종이를 움직이기 위해서 여러 개의 모터가 필요하게 된다. 일본어 워드프로세서에는 한자, 가나, 영문자, 그리스 문자 등 모든 글자의 인쇄가 가능하며 도트 매트릭스 방식과 감열식인 것이 많다.

한편, 남미, 북미, 유럽에는 알파벳만으로 충분하므로 데이지 휠(Daisy Wheel: 꽃잎형의 활자 휠을 회전하면서 이용하는 형식)형의 프린터가 많다. 〈그림 1-1〉에 기본적인 구조와 모터가

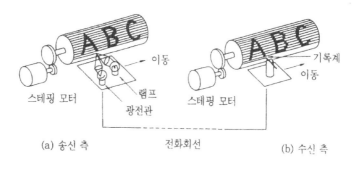

〈그림 1-3〉 팩스(FAX)의 원리

사용되는 모양을 나타냈다.

최근에는 레이저 빔을 반사주사(反射走査)시켜 어떤 문자라도 깨끗하게 인쇄할 수 있는 프린터에도 사용되고 있다. 이에는 다면체경 '폴리곤 미러(Polygon Mirror)'를 고속으로 회전시키기 위한 모터와 드럼을 일정 속도로 돌리는 모터가 필요하다 (그림 1-2).

③ 팩스(FAX)

전화로 그림이나 문자도 전송할 수 있는 팩스 장치가 대단히 많이 보급되어 외국과의 편지 교환도 팩스로 할 수 있게 되었다. 팩스란 '문서나 그림의 정확한 카피(Copy)'라는 의미이다. 반면에 사진을 선명하게 전송하는 것을 PIX라 한다.

〈그림 1-3〉에 나타낸 FAX의 원리에서 알 수 있는 바와 같이, 종이와 인쇄 헤드의 움직임을 보내는 측과 이를 수신하는 측에서 드럼(Drum)을 회전하기 위해 모터가 필요하며, 여기에도 스테핑 모터가 가장 적합하다. 또한 송신 측에서 문서나 도면을 읽어내는 횡축 움직임과 수신 측의 인쇄 헤드의 횡축 움직임에도 스테핑 모터가 이용된다.

〈그림 1-4〉 메이크업형 유도 모터

④ 전자기기의 냉각

고급스러운 이용법은 아니지만 상당히 많은 것이 사무기기 등을 냉각하는 모터이다. 그중에서도 가장 간단한 모터는 교류 전원으로 돌리는 메이크업(Make-Up)형 유도 모터라고 불리는 것이다(그림 1-4). 슬라이드 프로젝터(Slide Projector)나 OHP 프로젝터에는 대개 이 종류의 모터가 팬을 돌린다.

1.7 공장과 로봇은 모터로 움직인다

최근의 공장에서는 생산성을 높이기 위해 자동화 기계나 로봇을 대량으로 도입하여 사용하고 있다. 로봇을 만드는 공장에서도 로봇이 수치제어 공작기계(NC공작기계라고도 한다)를 도입하고 있다. 이 분야에서도 역시 일본이 전 세계에서 가장 발달되어 있다. 영국의 대처 수상이 취임 직후 "영국인이여 일본을 배워라"라고 하며 후지산 기슭에 있는 FANUC사의 '로봇이 로봇을 만드는 공장'을 견학한 것은 유명한 이야기이다.

그러면 한 대의 로봇에 도대체 몇 개의 모터가 들어 있을까? 많은 것은 10개 이상인데, 로봇용 모터는 단순하게 회전하는 모터와는 달리 짧은 시간에 순간적으로 움직이고 여러 속도로 제어되며 일정한 위치에서 정확하게 정지해야 한다(그림 1-5). 이러한 명령은 마이컴이나 대형 컴퓨터에서 지시된다. 근대적인 공장에서 가동하고 있는 많은 모터 중 만일 하나라도 고장이 나서 정지하면 공장의 생산 활동 전체가 정지되어 버린다. 경우에 따라서는 고장 때문에 로봇이 마음대로 움직여 인간에게 위험을 줄 수도 있으므로 모터에 대해서는 신뢰성이 높은 설계와 제조관리, 주의 깊은 보수가 이루어져야 한다. 로봇이 별도의 공장용뿐만 아니라 '인간을 대신해 주는 것'이라는 의미라면, JR(Japan Rail)이나 사철(私鐵)의 표 자동판매기나 주스 등의 음료수 자동판매기도 일종의 로봇으로서 이것도 모터를 이용하고 있다.

1.8 완구와 레저에도 모터가

〈표 1-1〉의 리스트에 무선조종 장난감 이외의 완구가 없는 것은 M 씨의 가정에는 장난감으로 노는 나이의 어린이가 없기 때문이다. 그런데 만약 두 아들과 딸이 장난감을 좋아해서 미니카나 움직이는 인형이 버려지지 않고 있다면, 모터의 수는 상당히 늘어나게 될 것이다. 전지를 사용하여 움직이는 장난감에는 필히 직류 모터가 들어가기 때문이다.

레저 용품에도 많은 모터가 사용되고 있다. 예를 들면 슬롯머신이나 동전교환기, 골프 연습장에서 볼을 회수하거나 자동적으로 볼을 티팩(Tee Pack) 위에 올려놓는 장치이다. 배팅

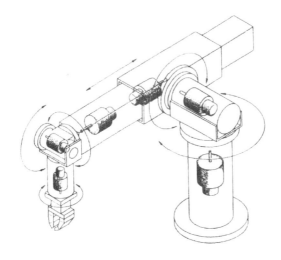

〈그림 1-5〉 로봇에도 많은 모터가 사용된다

센터의 피칭머신도 모터를 틀림없이 사용하고 있다.

초기의 자동 마작 테이블의 내부를 본 적이 있는데, 12개의 교류 모터가 패를 뒤섞은 다음 다시 정렬시켜 테이블 위에 진열하는데 이는 모두 마이컴으로 제어되고 있었다. 주사위를 흔드는 데에도 브러시리스 DC 모터가 사용되고 있다는 사실이 매우 놀라웠다. 그 외에 무선조종 전동비행기, 수중 스쿠터 등의 동력에도 모터가 사용되고 있다.

1.9 영상이나 음향에도 모터가

최근에 VTR이 있는 가정이 부쩍 늘어났는데, 테이프나 회전 헤드를 일정한 속도로 정밀하게 움직이게 하기 위해 브러시리스 DC 모터가 여러 개나 들어가 있다. 레코드플레이어나 CD 플레이어에도 여러 개의 모터가 사용되고 있는 것은 앞의 M

씨의 경우에서 본 것과 같다.

영상에 대해서는 VTR로 수신하는 측보다도 영상을 만드는 측에서 모터를 여러 형태로 이용한다. 씨름을 TV로 볼 때, 2명의 선수가 싸우고 있는 모습을 위에서 비추어 주기 위해 '천장에는 반드시 큰 카메라가 설치되어 있겠지'라고 상상했는데 의외로 가볍고 작은 카메라였다. 서로 뒤얽힌 선수가 모래판 위를 움직이는 속도는 대단해서 그것을 쫓아 카메라 방향을 조종하기 위해서는 카메라 자체가 무거워서는 안 되기 때문이라는 것이다. 아마 2개 이상의 직류 모터를 사용하고 있을 것이다. 재미있는 것은 모터를 하나의 전화선으로 조종한다는 것인데 나고야 대회(名古屋場所)의 경우 동경에서 이를 조종한다는 설명이었다. 즉, 멀리 떨어져 있는 모터의 조종이 가능한 셈이다. 텔레비전의 커머셜 프로그램의 만화영화 제작에는 고도의 기술로 제작되는 스테핑 모터가 사용되고 있다. 언제인가 F 씨라는 젊은 사람으로부터 전화가 왔다. 만화영화 필름의 촬영 장치로 재미있는 것을 만들었으므로 꼭 봐주었으면 한다고 해서 즉시 아오야마(靑山)에 있는 애니메이션 스텝 룸(Animation Staff Room)이란 회사에 가 보았다.

F 씨가 만든 기계라는 것이 〈그림 1-6〉과 같은 것이었다. 그는 아티스트(Artist)로서 이 그림도 자신이 그린 것이었다. 이 장치에는 16개의 스테핑 모터를 동시에 조정하여 몇 장의 밑그림이 조합된 위치, 카메라의 위치, 또 그림과 카메라 사이의 각도를 제어하여 한 장면을 촬영한다. 그리고 이것을 몇천 매나 찍어 부드럽게 움직이는 아름다운 동화를 만들 수 있는 것이다.

F 씨의 이야기에 의하면 기계의 각 부분(예를 들면 카메라)

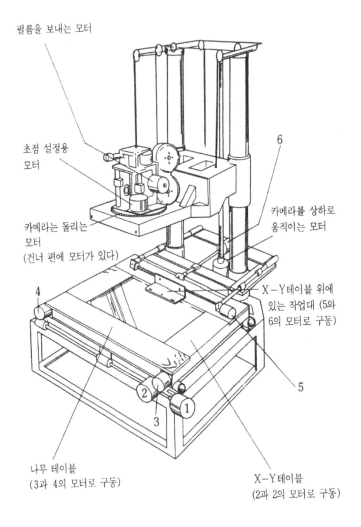

필름을 보내는 모터

초점 설정용
모터

6

카메라를 상하로
움직이는 모터

카메라는 돌리는
모터
(건너 편에 모터가 있다)

4

X-Y테이블 위에
있는 작업대 (5와
6의 모터로 구동)

2

3

1

5

나무 테이블
(3과 4의 모터로 구동)

X-Y테이블
(2과 2의 모터로 구동)

〈그림 1-6〉 만화영화의 필름을 만드는 장치. 16개의 스테핑 모터 중
보이는 것을 설명했다

을 처음에는 느슨한 속도로 움직이기 시작하여 고속으로 가속하고, 멈추기 전에는 재빨리 감속하는 것이 좀처럼 불가능했었다고 한다. 여러 책이나 문헌을 조사했지만 그 어느 것도 도움이 안 되었는데, 어느 날 서점에서 우연히 내가 쓴 『Z80/8085 메카트로 제어』를 발견하여 읽어 보니 자신이 목적으로 했던 사고방식과 이론에 딱 들어맞았다는 것이다. 그 후에는 일이 점점 잘 진행되어 마이컴의 하드웨어와 소프트웨어가 완성되었고 이를 나한테 꼭 보여 주고 싶었다고 한다. 저자인 나에게는 보람 있는 일이었다.

또 텔레비전 스튜디오에서 조명을 업무로 하고 있는 회사로부터 이런 이야기가 있었다. 조명에서 색채를 제어하는 기기에 스테핑 모터를 이용하기 위해 그 제어의 실제방법을 이것저것 생각했는데, 역시 『Z80/8085 메카트로 제어』에 쓰여 있는 내용이 현실적이라고 생각했기 때문에 더욱 상세히 묻고 싶다는 것이었다. 이와 같이 우리들이 즐기고 있는 TV 프로 제작 뒤에는 모터 제어에 착수하고 있는 기술자와 아티스트들이 있는 것을 알았다.

1.10 의료와 복지기기에 사용되는 모터

의료기기에도 여러 종류의 모터가 사용되고 있어서 몇 개 정도 소개해 보겠다.

① 치과의사가 사용하는 그라인더(Grinder)용 모터

이전에는 충치를 치료하기 위해 치과의사에게 가면 가늘고 긴 끈 모양의 벨트로 동력을 전달하는 그라인더(절삭기)를 사용하여 이빨을 깎아 내는 것을 볼 수 있었다. 그 기기에는 히스테리시스(Hysterisis) 모터라는 이름의 모터가 이용되고 있는데 약한 영구자석을 이용하는 교류 모터의 일종이다. 이 히스테리시스 모터는 원래 테이프 리코더가 보급되기 시작했을 즈음, 캡스턴(금속제 롤러)을 일정한 속도로 돌리기 위해 개발된 것이었는데, 이와 같이 의료용으로도 이용했다.

그 후 전동 모터 대신에 압축공기로 핀을 고속으로 회전하는 에어터빈(Air Turbine) 방식의 그라인더로 충치 치료를 받게 되었다. 그런데 최근에 전동 모터의 신세를 지고 있다. 이는 가늘고 강력한 영구자석 로터를 고속으로 회전시키는 것으로 브러시리스 DC 모터의 일종이다.

② 위(胃)의 뢴트겐 사진을 찍을 때, 침대를 움직이게 하는 모터

아마 이 용도에는 통상의 교류 모터를 감속하여 이용하고 있을 것이라고 생각되며, 이 같은 종류의 모터 이용도 매우 많이 있을 것으로 보인다.

③ 인공심장 모터

이것에는 수술 중에 혈액을 순환시킬 목적인 것과 기능이 정지하려는 사람의 심장 대체를 목적으로 하는 것이 있다. 후자의 경우, 혈액 펌프용의 인공심장 모터를 체내에 삽입하여 장착하는 연구가 지금도 이루어지고 있는데, 이는 대단히 어려운 연구라고 생각한다. 소형으로 힘을 내는 모터는 동시에 열을 발생하게 되는데, 이와 같은 것을 체내에 넣으면 주위의 근육이 화상을 입을 가능성이 높게 된다. 역으로 말하면, 심장이라는 것이 얼마나 훌륭한 펌프여야 하는지를 알 수 있다. 의료기기에서 모터의 응용은 지금부터 더욱 진보될 분야일 것이다.

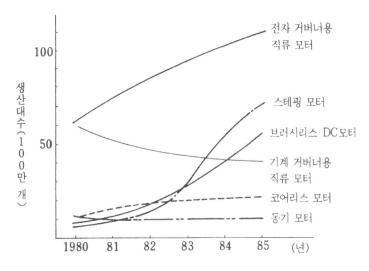

〈그림 1-7〉 제어용 소형 모터의 생산량 추이. 정확한 통계는 아니므로 참고치임. 1988년 OA 시장의 모터양은 1985년보다 많다

④ 전동차 의자

한편, 복지기기의 예로서 장애인이 운전하는 소형 전동차 의자가 있다. 납전지를 좌석 아래에 놓고 2개의 직류 모터로 차바퀴의 동력을 만드는 동시에 방향을 조종할 수 있도록 되어 있는데 일종의 소형 전기자동차라고 할 수 있다.

⑤ 기타

기계를 움직이거나 바람을 일으키는 곳에는 필히 모터가 이용된다. 예를 들면, 정형외과에서 뼈(骨) 계통의 치료를 위해 목이나 팔을 잡아당기는 장치도 물론 모터를 이용하고 있다. 이비인후과 예로는 코와 귀를 연결하는 관의 통로를 잘 통하게 하기 위해 공기 펌프를 사용하는데 여기에도 교류 모터가 이용되고 있다.

오랜 옛날 유럽에서는 의사가 이발소를 겸하고 있었다고 하는데, 그 때문에 동맥과 정맥을 나타내는 빨간 띠와 파란 띠의 나선 모양이 오늘날에도 이발소의 심벌이 되고 있다. 이발소에 있는 의자의 움직임이나 마사지기에도 모터가 이용되고 있다. 〈그림 1-7〉의 그래프는 일본 기업이 만들어 내고 있는 소형 제어용 모터의 생산량 변화를 나타내는 것이다. 비록 전체 중의 일부분이긴 하지만 모터의 제조가 어느 정도 활발한지를 엿볼 수 있다. 어려운 모터 이름이 몇 개 나왔는데 이러한 것은 장을 넘어가면서 설명하겠다.

적산 전력계는 단상 교류 모터

어떤 가정에나 적산 전력계라는 것이 전주로부터 전선이 들어오는 곳에 설치되어 있다. 이것은 교류 모터의 일종으로 회전속도가 소비 전력에 비례하도록 설계되어 있다. 회전 부분은 알루미늄 원반으로 웜(Worm)기어에 의해 감속되어, 회전된 횟수는 적산 전력으로 환산하여 숫자로 표시하도록 되어 있다. 적산 전력계의 회전속도는 대단히 늦으므로 회전의 상태를 눈으로 볼 수 있다. 적산 전력이란 예를 들면 100W의 전구를 3시간 사용하면, $100 \times 3 = 300Wh$가 되는 것을 말한다.

가변속 팬

제2장

모터의 물리학을 다시 생각한다

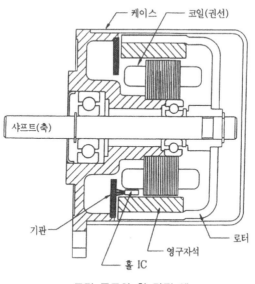

모터 구조의 한 가지 예

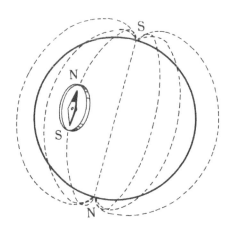

〈그림 2-1〉 지구는 큰 자석이다

앞 장에서는 모터가 우리들의 생활에 깊이 관계되어 있어 모터 없이는 현대의 문명생활을 영위하는 것이 도저히 불가능하다는 것을 알았다. 또 모터라고 하더라도 여기에는 여러 가지가 있다는 것을 보았다. 그래서 다음으로는 '모터가 왜 도는지, 왜 많은 종류가 있는지'라는 근본적인 문제를 고찰하려고 한다.

모터의 원리에 대해서는 중학교 과학, 고등학교 물리, 대학의 전기기기 교과서와 백과사전에 설명되어 있지만, 여기서는 좀더 넓은 시야에서 설명을 시도하는 동시에 독자가 심도 있게 생각하여야 할 내용들을 제공하고자 한다. 그리고 이를 다음 장에서 전개될 공학적인 고찰 방법의 근간으로 하고자 한다.

2.1 자침으로 모터를 만들자

모터와 깊은 관계가 있는 일상적인 것으로 우선 자침(磁針)을 들 수 있다. 오랜 옛날부터 자기를 띤 자침은 남북을 가리킨다

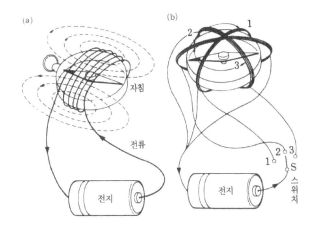

(a)

(b)

자침

전류

전지

전지

1
2
3

S
스
위
치

〈그림 2-2〉 영구자석을 사용한 모터의 원리

는 사실이 널리 알려져 있었다. 이 같은 현상에 대한 원인이 규명되기 시작하였는데, 그 결과 지구는 큰 자석과 같은 것이며 그 자석이 발하는 자계가 지구를 뒤덮고 있고 자침은 이 자계와 작용하여 대략 남북을 가리킨다는 것이 밝혀지게 되었다. 다시 말해서 지자기(地磁氣) 안에 자침을 자유롭게 회전할 수 있도록 놓아두면, 〈그림 2-1〉에서 보는 바와 같이 자침의 N극은 지구의 북극을 향하고 자침의 S극은 남극을 향하여 안정된다.

만약 지구의 자극의 위치가 움직인다고 하면 자침도 움직이게 될 것이 틀림없으며, 따라서 힘은 약할지 모르지만 이것은 분명히 하나의 모터인 셈이다. 지구상의 여러 곳에 있는 암석의 미약한 잔류자기를 조사했던 한 지구물리학자의 말로는, 수억 년에 걸친 시간 동안 실제로 지자기의 이동이 있었으며 이에 따라 수차례에 걸쳐 지구 자극이 반전하였고, 어떤 때에는 적도 근처에 북극이 있었다고 한다. 그러나 몇 백 년이라고 하

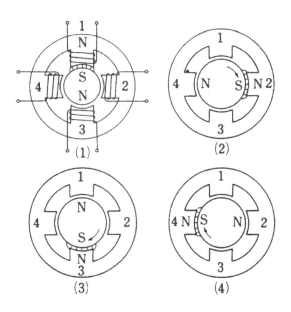

〈그림 2-3〉 영구자석을 사용한 스테핑 모터의 원리

는 짧은 기간 동안에 지구 자극은 거의 정지하고 있다고 볼 수 있으며, 따라서 자침은 실질적인 모터가 될 수 없는 것이다.

그렇지만 지자기를 대신하여 인위적으로 조그마한 자계를 만들어 작용시키면 자침을 원하는 방향으로 움직이게 할 수 있는 재미있는 실험이 될 것이다. 〈그림 2-2〉의 (a)와 같이 코일에 전류를 흘려 자계를 만들고 그 속에 자침을 놓아두면, 자침은 코일에 직각인 방향으로 정렬하게 된다. 다음에는 코일을 3개 만들어 같은 그림의 (b)와 같이 120도 간격으로 배치하고 설명을 쉽게 하기 위하여 코일의 번호를 1, 2, 3으로 하였다. 코일의 중앙에 자침을 놓아두고, 처음에는 1번 코일에 전류를 흘린다. 그런 다음 1번 코일의 전류를 끊음과 동시에 2번 코일에 전류를 흘리고, 다시 2번의 전류를 끊고 3번에 흘린다. 이와 같이 전류를 스위칭(Switching)하게 되면 자침이 120도씩 회전하는 것을 볼 수 있는데 이것이 바로 영구자석을 사용한 모터의 원리이다.

이것을 더욱더 발전시켜 자침 대신에 원통형의 영구자석을 사용하거나 거기에 더하여 영구자석의 형상과 코일의 배치를 좀 더 정밀하게 개선하게 되면 근대적인 스테핑 모터가 되는 셈이다. 〈그림 2-3〉이 바로 그것으로 영구자석형 스테핑 모터이다. 이것에는 90도 간격으로 4개의 코일이 배치되어 있는데, 스위칭 회로를 준비하여 전류가 흐르는 코일을 순차적으로 바꾸어 가면, 영구자석인 로터(Rotor)는 90도의 간격으로 회전하게 된다.

2.2 영구자석을 사용하지 않는 스테핑 모터

지금까지의 이야기는 자침이나 원통형의 영구자석이 로터로 회전하는 모터에 관한 것으로 어느 것에나 영구자석이 등장하였다. 그러면 모터에는 항상 영구자석이 필요한 것일까? 이 문제를 고찰하기 위하여 1920년대의 영국 군함에 사용되었던 재미있는 모터 하나를 소개하겠다.

그 모터는 〈그림 2-4〉에 그려져 있는 것처럼 전자석이 못 등과 같은 철 조각을 끌어들이는 현상을 이용하는 것이다. 전자석의 N극에서 발생한 자력선은 철편을 통과한 후 다시 공기 중으로 나와서 자석의 S극으로 들어간다. 자력선이라는 개념을 처음으로 제창한 영국의 맥스웰(J. M. Maxwell, 1831~1879)에 의하면, 이 자력선은 고무 끈과 같이 휘게 되면 다시 일직

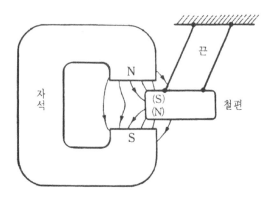

〈그림 2-4〉 철편이 자계에 이끌린다

선이 되도록 하는 힘, 즉 장력을 발생시킨다고 한다. 그래서 그림의 철편은 이 같은 장력에 의하여 자석 내로 빨려 들어가려고 하게 된다. 어쨌든 이 모터에 대해 문헌상으로 나와 있는 것은 〈그림 2-5〉와 같은 것이다. 이것은 6개의 이빨(혹은 톱니)을 가진 스테이터와 4개의 이빨을 가진 보통의 철로 된 로터로 구성되어 있으며, 스테이터는 3개 조의 권선으로 전자석을 형성한다.

이 모터의 원리를 〈그림 2-7〉을 이용하여 설명하면, 우선 (1)의 상태에서 1번 권선에 전류를 흘리면 이에 의해 전자석이 되는 2개의 이빨 끝에 자계가 발생하여 로터에 있는 2개의 이빨과 정렬한다.

다음에는 (2)의 상태와 같이 2번 권선에 전류를 흘리면, 먼젓번의 자계는 소멸되고, 이에 의해 전자석이 되는 2개의 이빨에 자계가 발생하여 로터의 다른 두 개의 이빨을 시계 반대방향으로 회전시키게 된다. 그리고 (3)의 상태로 스테이터와 로터의

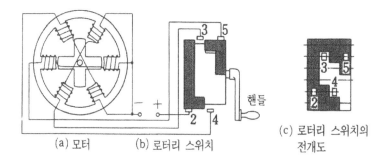

(a) 모터   (b) 로터리 스위치   (c) 로터리 스위치의
                                              전개도

〈그림 2-5〉1927년 영국에서 발행된 문헌 「군함에 있어서 전기의 응용」에
나타난 스테핑 모터. 2차 세계대전 후 수치제어 공작기계용 모
터로서 미국에서 크게 발전했다

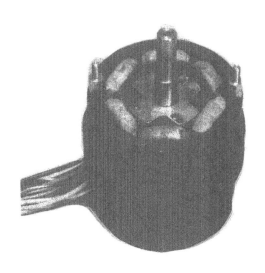

〈그림 2-6〉 영구자석을 이용한 스테핑 모터의 내부

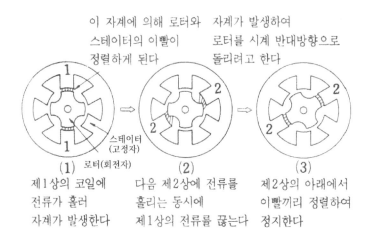

이 자계에 의해 로터와 스테이터의 이빨이 정렬하게 된다

자계가 발생하여 로터를 시계 반대방향으로 돌리려고 한다

스테이터 (고정자)

(1) 로터(회전자)

(2)

(3)

제1상의 코일에 전류가 흘러 자계가 발생한다

다음 제2상에 전류를 흘리는 동시에 제1상의 전류를 끊는다

제2상의 아래에서 이빨끼리 정렬하여 정지한다

〈그림 2-7〉 영구자석을 사용하지 않는(VR형) 스테핑 모터의 원리

이빨이 정렬하게 되면 회전은 정지하게 된다. 이 같은 조작에 의해 로터는 30도 회전하였는데, 3번 전선에 전류를 흘리면 로터는 같은 원리로 또다시 30도 회전을 하게 된다.

그리고 이 같은 순서로 계속 스위치를 조작하면 로터는 규칙적으로 회전운동을 할 것이다.

지금 본 것처럼 모터에 영구자석이 꼭 필요한 것은 아니다. 단, 이때 주의해야 할 점은 로터는 원통형이어서는 안 되며, 튀어나온 부분(이것을 이빨이라고 한다)과 들어간 부분(영어로는 Slot)을 갖고 있어야 한다는 것이다.

2.3 직류 모터의 원리를 다시 생각하자

이번에는 손쉽게 볼 수 있는 모터의 하나인 직류 모터의 원리를 살펴보자. 제1장에서 본 것처럼, 자동차용 모터는 대부분이 직류 모터이고 완구를 움직이게 하는 것도 직류 모터이다.

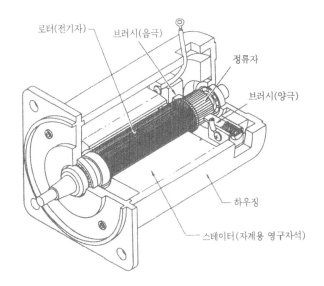

로터(전기자) 브러시(음극)

정류자

브러시(양극)

하우징

스테이터(자계용 영구자석)

〈그림 2-8〉 직류 모터의 구조

직류 모터는 가장 많이 만들어지는 모터인 동시에 독자들이 초등학교 시절부터 매우 친숙해져 있는 모터이다. 공학적인 관점에서 보면 직류 모터에는 매우 많은 종류가 있는데, 이에 대해서는 제3장과 제7장에서 상세히 보기로 하고 여기서는 〈그림 2-8〉의 구조를 갖는 모터에 대하여 알아보겠다. 이 그림에서는 모터의 부품에 대해서도 설명하고 있으며, 원통 모양의 철로 된 로터 주위에는 동선 코일이 가지런히 감겨 있음을 알 수 있다(〈그림 2-9〉 참조).

직류 모터의 원리를 잘 알기 위해서는 플레밍의 왼손법칙과 오른손법칙을 이해해야 한다.

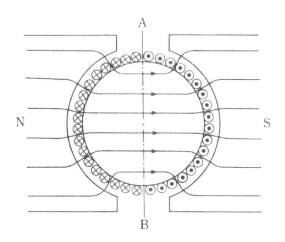

〈그림 2-9〉 직류 모터의 코일에 흐르는 전류의 분포

● **왼손법칙** 모터의 내부에서 로터에 작용하는 힘의 원리를 설명하는 것이 플레밍의 왼손법칙이다.

〈그림 2-10〉의 ⓐ에 나타난 바와 같이 자계 속에 하나의 도선(구리나 알루미늄 전선)을 놓아두고, 이것에 전류를 흘리면 도선에 힘이 작용하게 된다. 이때 전류와 힘, 그리고 자계의 방향 사이의 관계를 설명하는 것이 잘 알려진 왼손법칙이다. 이 법칙에 의하면 왼손의 세 손가락을 서로가 직각이 되게 펼쳐 놓고 가운뎃손가락을 전류, 집게손가락을 자계의 방향으로 하면 힘은 엄지손가락이 가리키는 방향으로 작용하게 된다. 자계의 방향이 반전하면 힘도 반전하며, 전류가 방향을 바꾸어도 힘은 반전한다. 그러나 전류와 자계가 동시에 반전하면 힘의 방향은 변하지 않는다.

〈그림 2-9〉의 직류 모터 단면도에서 보면, 중심선 AB의 좌측 도선에는 ⊗(지면에 흘러들어가는 방향) 방향의 전류가 흐르고

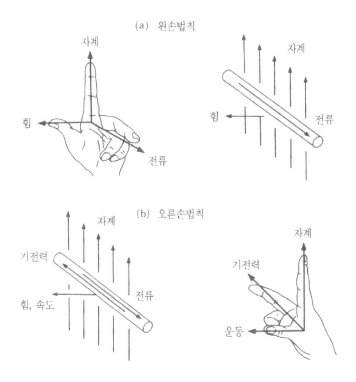

〈그림 2-10〉 플레밍의 왼손법칙과 오른손법칙

있고 자계는 중심으로 향하고 있기 때문에 시계 반대방향으로 힘이 작용한다. 반면에 AB의 우측 도선에는 ⊙(지면으로부터 흘러나오는 방향)의 전류가 흐르고 자계는 바깥쪽으로 향하고 있으므로 여기에도 역시 시계 반대방향으로의 힘이 작용한다.

● **오른손법칙** 모터의 원리로서 왼손법칙을 인용하였는데, 이것과 짝을 이루는 법칙으로서 오른손법칙은 다음과 같다.
우선 〈그림 2-11〉과 같이 2개의 직류 모터를 준비한 후, 이

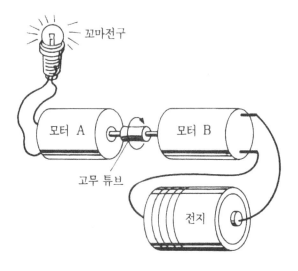

〈그림 2-11〉 모터가 발전기가 되는 실험

들의 양쪽 샤프트(축)를 고무 튜브로 연결한다. 모터 A의 단자에
는 꼬마전구를 접속하고 B라고 표시된 모터에 건전지를 접속하
여 전압을 걸어주면 모터 B와 이에 연결된 모터 A는 고속으로
회전하게 되고 꼬마전구에 불이 켜지게 된다. 이때 모터 A는 발
전기 작용을 하여 꼬마전구에 전류를 공급하는 역할을 한다. 여
기서 발전기라고 하는 것은, 플레밍의 오른손법칙에 의해 발생한
전압을 이용하여 외부로 전류를 공급하는 장치를 말한다. 〈그림
2-10〉의 (a)와 같이 자계 속에 놓인 구리나 금속으로 된 전선을
외부의 힘을 이용하여 움직이게 되면, 막대에는 전압이 발생하고
이에 따라 전류가 흐르게 되는데 이 원리가 바로 오른손법칙이
다. 단, 동선이 하나뿐이고 자계가 아주 강하지 않을 경우에는
전구에 불이 켜질 정도로 많은 전류가 얻어지지 않는다. 따라서

로터에 동선을 여러 겹의 코일 상태로 감고 이들로부터 발생하는 전압을 한군데로 모으는 장치가 필요하게 된다. 이 같은 장치에 대해서는 다음에 설명하도록 하겠다.

● **브러시와 정류자** 한 번 더 〈그림 2-9〉를 보자. 하나하나의 동선은 어떤 때는 N극을, 어떤 때는 S극을 통과하기 때문에 오른손법칙에 따라서 코일에 발생하는 것은 교류전압이라고 할 수 있다. 그런데 〈그림 2-8〉을 보면 모터에는 브러시와 정류자라는 것이 있는데, 이들이 기계적으로 가볍게 접촉함에 따라 동선에 발생된 전압과 전류의 방향이 바뀌게 된다. 로터를 외부의 힘으로 회전시키므로 각각의 코일에 발생한 교류는 이들에 의해 직류로 바뀌게 되며, 따라서 외부에서는 마치 직류가 발전되고 있는 것처럼 보인다. 이것이 바로 정류자(교류를 직류로 바꾸는 것)라고 이름을 붙이게 된 유래이다.

단, 모터의 경우에는 전지로부터 공급되는 직류전류를 교류전류로 바꾸는 역할을 하므로 정류자가 아니라 전류자(轉流子)라고 하는 편이 옳을지 모르지만, 역시 정류자라고 부르고 있다.

2.4 모터에는 발전기의 작용이 내재한다

오른손법칙을 이용한 장치로 가장 쉽게 접할 수 있는 것이 자전거의 발전기이다. 앞바퀴의 고무 타이어와 풀리(벨트를 거는 톱니바퀴)가 서로 맞물려 돌아가면서 모터가 고속으로 회전하여 발전을 하게 된다.

실은 보통의 직류 모터에서도 이 같은 오른손법칙은 중요한 역할을 하고 있다. 앞에서 본 바와 같이, 모터의 단자에 접속된 전지로부터 받은 전류와 영구자석의 자계가 작용하여 왼손법칙에 따라서 회전력을 발생시키는 것이 모터이다. 그런데 로터가 회전하게 되면 오른손법칙에 의해 전지의 전류와는 반대방향의 전압이 회전속도에 비례해서 발생한다. 이 전압은 전지의 전류를 감소시킨다. 따라서 모터의 속도가 빨라지면 회전력이 감소하는 현상이 나타난다.

실제로는 모터가 돌아가는 속도는 회전력과 부하(모터가 모형비행기의 프로펠러를 회전시키고 있을 때, 공기로부터 받는 역학적 저항)가 서로 균형이 되는 점에서 머무르게 된다. 모형비행기가 상승할 때에는 공기의 저항이 커 회전력이 감소되므로 전류를 많이 흘려야 되기 때문에 전지의 소모가 심한 반면, 강하 시에는 공기의 저항이 적어 모터는 고속으로 회전할 수 있기 때문에 전류의 소모도 자연히 적게 된다. 이 같은 자기조절 작용이 모터 내에서는 오른손과 왼손법칙이 서로 작용하여 나타나게 된다.

직류 모터를 단독으로 공회전시키면 전류는 거의 흐르지 않는데, 이는 전지의 전압과 발전 작용에 의해 발생한 역전압이 서로 균형을 이룬 상태가 되었기 때문이다. 전지의 전압을 높여 전류를 증가시키면 회전력이 커져 고속이 되지만, 발전되는 전압과 균형 잡힌 속도로 안정이 되면 전류는 다시금 감소하게 된다. 이와 같이, 오른손법칙은 모터가 쓸데없는 전력을 소비하지 않고 경제적으로 작동을 하도록 하는 역할을 한다.

2.5 직류 모터의 성능계수와 특성을 생각한다

앞서 이야기한 것을 간단한 수식을 써서 다음과 같이 정리하

면 모터의 역학적인 의미가 분명해진다. 우선, 완성된 영구자석
형 직류 모터에서 왼손법칙에 의해 발생된 회전력(Torque, T)
은 전류(I)에 비례한다. 그리고 이 관계는 토크 계수(K_T)라는
것에 의하여 다음과 같이 표현된다.

$$T = K_T \times I$$ 〈수식 2-1〉

왜 이와 같이 간단한 관계가 있는 것일까?

회전력을 발생시키는 데 필요한 자속, 즉 자계를 영구자석으
로부터 얻고 있으므로 완성된 모터에서는 이를 일정한 값으로
간주할 수 있다. 간단히 말해 〈그림 2-9〉에 있는 각 도선은 모
두 같은 강도의 자계를 받고 있다는 것이다(단, 중심선 AB의
좌우에서는 자계의 극성이 다르다). 실제로는 로터의 코일에 흐
르는 전류 때문에 생기는 자계가 영구자석이 만드는 자계의 분
포를 변형시키지만, 이 자계는 크기가 작기 때문에 여기서는
그 영향에 대해 무시한다(실제의 모터에서는 로터의 전류에 의
해 형성된 자계가 특성에 거의 영향을 미치지 않도록 설계되어
있다). 또한 전류도 각 도선에 같은 양이 흐르게 된다. 따라서
각 도선에는 같은 크기의 회전력이 걸리며 이를 모두 합산한
것이 모터 축에 나타나는 회전력으로 〈수식 2-1〉과 같이 표현
할 수 있게 된다.

마찬가지로, 오른손법칙에 의해 모터 내에 발생하는 역기전
력(E)은 회전속도(N)에 비례하여,

$$E = K_E \times N$$ 〈수식 2-2〉

이다. 이때 K_E를 역기전력계수라고 한다. 토크계수와 역기전력
계수는 모터의 카탈로그에도 표기되어 있는 중요한 계수인데,

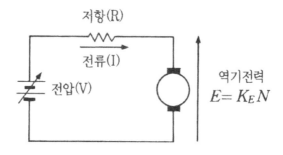

<그림 2-12> 직류 모터의 등가회로

다음에는 이 둘로부터 회전력(토크)과 속도 사이의 관계를 도출해 보도록 하겠다.

〈그림 2-12〉는 직류 모터를 전기회로로 표현한 것으로, 이것을 등가회로(等價回路)라고 한다. '등가'라는 의미는 이 회로가 모터의 기본적 성질을 나타내기 때문에 이를 이용하여 계산하는 것과 모터를 물리학적으로 해석하여 계산하는 것이 같은 결과를 갖는다는 것이다.

그러면 회전력과 회전속도의 관계를 명확히 세우기 위해 우선 등가회로에 나타나 있는 기호의 의미를 설명하겠다.

· 전지(|ㅣ|ㅣ)는 모터를 움직이기 위한 전원으로 사는 이것의 전압을 나타내며, 화살표(╱)가 표시되어 있는 것은 전압이 바뀐다는 의미이다.

· 초롱처럼 생긴 기호는(예전부터 자주 사용되고 있는 것으로) 로터와 브러시를 나타내며, 혹은 역기전력(E)의 전원을 나타내는 것으로 이해해도 좋다.

· 저항의 톱니기호(╱\/\/\╲)는 로터에 감겨 있는 동선의 저항

으로, 더 정확히 말하면 모터가 정지하고 있을 때에 두 개의 단자로부터 측정되는 저항이다.

이상과 같은 모터의 회전력은 다음과 같이 계산할 수 있다. 전지의 전압(V)과 역기전력(E)의 차 V-E가 저항에 걸리는 전압이고 한편, 저항에서의 전압 강하는 저항(R) 곱하기 전류(I)이므로,

$$V-E=RI \qquad\qquad \langle 수식\ 2\text{-}3 \rangle$$

$$따라서,\ I=(V-E)\ /\ R \qquad \langle 수식\ 2\text{-}4 \rangle$$

의 관계가 성립된다. 앞의 〈수식 2-1〉에 대입하면 회전력은

$$T=(K_T/R)\ /\ (V-E) \qquad \langle 수식\ 2\text{-}5 \rangle$$

가 되는데, 여기에 〈수식 2-2〉를 대입하면, 다음 식이 얻어진다.

$$T=(K_T/R)\ /\ (V-K_E N) \qquad \langle 수식\ 2\text{-}6 \rangle$$

전지의 전압(V)을 몇 가지(1.5V, 3V, 4.5V)로 선택하여, 위의 관계식을 그래프로 그리면 〈그림 2-13〉과 같이 매우 단순한 직선들로 나타나는데, 이들로부터 다음과 같은 사실을 알 수 있다.

- 기동 토크(속도가 0일 때의 회전력)는 전압(V)에 비례한다.
- 무부하속도(회전력이 0일 때의 속도)도 전압(V)에 비례한다.
- 속도가 빨라짐에 따라 회전력이 저하하는데 이 기울기는 속도, 전압 및 회전력에 관계없이 일정하여 K_T/R이다.

● 오른손과 왼손은 독립하지 않는다

그다음에는 앞서 등장한 토크계수(K_T)와 역기전력계수(K_E)는

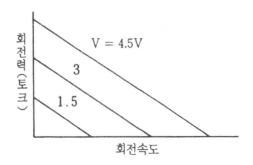

〈그림 2-13〉영구자석을 이용한 직류 모터의 회전
력과 회전속도와의 관계

본질적으로는 같은 것이라는 사실을 설명하겠다.

모터는 회전하고 있으면 점점 뜨거워지는데, 이것은 전지나
교류전원으로부터 공급된 전력이 열로 손실되기 때문이다. 손
실의 원인에는 구리와 같은 전선에서 소비되는 성분과 철심 속
에서 철의 전자기적 성질 때문에 소비되는 성분이 있다. 소형
의 직류 모터에서는 전자의 구리선에 의해 야기되는 손실이 훨
씬 크다. 이들 손실은 〈그림 2-12〉의 등가회로의 저항에서 소
비되는 전력에 해당된다. 만약 사용하고 있는 전선이 저항이
전혀 없는 초전도 재료라면 모터 내부에서의 손실은 없게 되
고, 따라서 모터에 입력된 전력은 전부 기계적인 일로 변환되
어 샤프트(Shaft)에서 출력될 것이다. 저항이 0일 때 모터에 인
가되는 전압과 역기전력(E)은 같으며 입력전력은 $E \times I$로 표시된
다. 한편, 역학적 원리에 의하면 1초 동안 샤프트가 부하에 대
해서 하는 일(이것이 출력)은 회전력(T)과 회전속도(N)를 곱한
것으로 $T \times N$이다.

따라서 $E \times I$와 $T \times N$은 같음에 틀림없다. 결국,

$$E \times I = T \times N \qquad \langle 수식\ 2-7 \rangle$$

이 식에 〈수식 2-2〉의 E와 〈수식 2-1〉의 T를 대입하면,

$$K_E \times N \times I = K_T \times I \times N \qquad \langle 수식\ 2-8 \rangle$$

이 되고, 양변에서 N과 I를 없애면 K_E와 K_T는 같다고 하는 결론이 얻어진다.

이같이 왼손법칙에서 도출된 계수(K_T)와 오른손법칙에서 도출된 계수(K_E)가 같은 것은, 두 법칙이 본질적으로는 같은 물리적 현상을 나타내기 때문이라고 말할 수 있다. 다시 말해서 전기역학적인 현상을 어느 한 면에서 보면 힘에 관한 왼손법칙으로, 다른 한 면에서 보면 발전에 관한 오른손법칙으로 관찰된다는 것이다.

손실이 있을 때에도 위의 관계가 성립된다는 것이 잘 알려져 있다. 그러나 주의해야 할 점 중 하나는, 이 관계가 항상 일정한 단위계에서 K_E와 K_T를 측정하였을 때에만 성립한다는 것이다. 이들의 단위계로서 국제단위계(SI)를 들 수 있는데, 여기서 회전력의 단위는 N·m이고, 회전속도의 단위는 rad/s이다. 그러므로 회전력의 단위로 kg를 쓰고, 회전속도에 분당 회전수를 쓰면 K_T와 K_E는 전혀 다른 값을 갖는 것같이 측정된다.

2.6 오른손법칙을 이용하는 유도 모터

앞서의 〈그림 2-6〉에 나타낸 실험 모터에 튀어나온 부위가 없는 원통형 철 덩어리를 로터로 집어넣고 같은 실험을 하면 어떻게 될까? 직접 실험을 할 수 없어 유감이지만, 결과는 철로 된 로터가 회전을 하게 된다. 단, 어떻게 된 일인지 움직이

는 양상이 먼젓번 것과 다르게 된다. 한 번의 스위칭에 의해 회전하는 각도가 매우 작은 것과 진동이 생기지 않는 것이 특징이다(튀어나온 부위를 가진 로터의 경우에는 정지 위치에서 흔들흔들 진동한다).

튀어나온 부위도 없는 철 덩어리로 된 로터가 회전하는 이유는 무엇 때문인가? 〈그림 2-7〉에서 1번 권선에 전류를 끊어 만들어져 있던 자계를 소멸시키고, 2번 권선에 전류를 흘려 자계를 형성시키는 과정은 자계가 장소를 이동한 것으로 생각할 수 있다. 이를 자계 측에서 보면 철의 로터가 자계 속을 이동한 것이 되기 때문에, 로터의 철심 속에 전압이 발생하고 이 전압에 의해 발생하는 철심 내의 전류와 2번 권선에 의해 형성되는 자계가 작용하여 왼손법칙에 의한 회전력이 발생하게 된다. 더 자세히 살펴보면, 회전력의 방향은 자계의 이동방향과 같은 것을 알 수 있다.

혹자는 위의 자계가 한 장소에서 소멸하여 다른 장소에 나타나는 경우를 자계가 이동한 것으로 보는 것은 조금 무리라고 생각할지 모르겠다. 그러나 이는 결코 틀린 생각이 아니다. 한밤중에 철도 건널목에서 두 개의 빨간 램프가 점멸하는 것을 멀리서 보고 있으면 마치 램프가 좌우로 움직이고 있는 것처럼 보이는 것과 같은 이치이다. 그렇지만 자계가 매끄럽게 움직이고 있지 않기 때문에 전력을 소비하는 데 비해 얻어지는 회전력이 작고, 이에 따라 한 번의 자계 이동에 의해 로터가 움직이는 양은 적어지게 된다.

이와 유사한 것들을 모터의 역사 속에서 찾아볼 수 있다. 〈그림 2-14〉는 프랑스의 물리학자인 아라고(D. F. Arago,

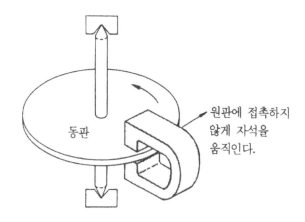

〈그림 2-14〉 아라고의 회전(원판은 자석을 이동시키는
방향으로 돈다)

1786~1853)에 의해서 최초로 실험되었다고 하는 '아라고의 회
전'이다. 자유롭게 회전할 수 있도록 가볍게 지지된 동판을 U
자형 영구자석 사이에 넣고, 접촉되지 않게 자석을 움직이면
동판도 그 방향으로 회전한다. 영구자석 대신에 2상 교류와 고
정된 전자석을 이용하여 로터를 회전시키는 방법을 1888년에
성공시켜 마침내 유도 모터를 만든 사람은 세르비아(지금의 유
고슬라비아 사회주의 연방공화국의 하나)에서 태어나 미국으로
귀화한 테슬라(Nicola Tesla, 1856~1943)였다. 그 후 2상보
다 3상 교류가 더 적합하다는 것을 알았다.

　유도 모터에서는 3상 교류를 다음과 같이 이용한다. 우선 3
개 조의 권선을 서로 겹치도록 잘 설계하여 배치한다(구체적인
것은 제3장의 〈그림 3-2〉, 〈그림 3-5〉, 〈그림 3-6〉에 나타낸
다). 여기에 스위치로 전류를 바꿔 흘리는 대신 전력회사로부터

〈그림 2-15〉 소형 동력용 상자형 유도 모터의 내부와 로터의 구조

송전되어 온 3상 교류를 흘리면 자계는 매끄럽게 이동한다. 이 자계 속에 철로 된 로터를 넣으면 매끄럽게 고속도로 회전하게 된다. 이것이 바로 공장 동력 따위에 널리 이용되고 있는 유도 모터이다. 단, 실제로는 철 덩어리의 로터 대신에 〈그림 2-15〉와 같은 상자형 로터를 이용하고 있다(이 구조에 대해서는 제3 장에서 다룬다).

가전용 모터의 대다수도 역시 유도 모터인데, 3상 교류 대신에 단상 교류를 쓰며, 적당한 방법에 의해서 2상이나 3상의 교류를 만들어 모터에 공급하는 방식을 채택하고 있다.

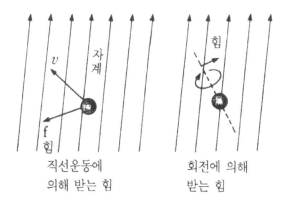

직선운동에
의해 받는 힘

회전에 의해
받는 힘

〈그림 2-16〉 전자가 자계와 작용하여 받게 되는 2종류의 힘

2.7 로렌츠의 힘이란?

그러면 잠깐 쉬면서 지금까지 이야기했던 것을 정리해 보자. 모터의 원리에 대해서 여러 가지 사항을 동원하여 설명하였으나 그중에 기본이 되는 것은 자계가 있어야 한다는 것이다. 이 자계 속에 영구자석을 놓기도 하고, 〈그림 2-6〉의 사진에서 본 것처럼 요철이 있는 철심이나 도체를 놓고 자계를 움직이게 되면 로터도 이에 따라 움직인다는 것이었다.

이 문제를 두 가지 방향으로 좀 더 깊이 살펴볼 수 있는데, 그 하나는 물리학적 고찰이고 또 다른 하나는 공학적인 고찰이다. 공학적 고찰은 다음 장 이후에 상세히 취급하기로 하고, 여기서는 물리학적 고찰에 대해 조금 더 다루도록 하겠다. 앞서 말한 바와 같이 모터에는 몇 가지의 형식이 있지만, 물리학적 기본 개념에서 보면 실용화되어 있는 거의 대부분의 모터의 기본 원리는 하나뿐인 셈이다. 그것은 결국 모터가 자계 속을 이동하는 전자에 작용하는 힘(이것을 로렌츠의 힘이라고 한다)을 이용하고 있다는 점이다.

전자의 운동에는 몇 가지가 있는데, 크게 나누면 〈그림 2-16〉에 나타낸 것처럼 ① 전자가 구리 등의 금속 안을 표류하듯이 집단적으로 흐르는 운동과 ② 전자가 일정한 장소에서 자전운동과 같은 상태를 형성하고 있는 것(이것을 스핀이라고 부른다)의 두 가지이다.

스핀은 철심이나 자석의 작용과 깊은 관계를 갖고 있다. 어떤 물질에서는 스핀이 처음부터 정렬해 있어 외부의 자계에 의해 방향을 좀처럼 바꾸려고 하지 않는 것이 있는데, 이것이 바로 영구자석이다. 한편, 보통 때는 스핀의 방향이 제멋대로 되어 있다가 외부의 자계를 느끼면 스핀이 정렬하는 물질이 있다. 이것이 보통의 철로서 이 성질을 더욱 강하게 한 것이 규소강판 등 모터의 철심으로 이용되는 자성재료이다.

2.8 정전 모터의 가능성

로렌츠의 힘에는 또 하나가 있다. 전계와 전하 사이에 작용하는 힘으로, 일상생활에서는 헝겊 따위로 마찰한 셀룰로이드가 정전기를 띠어 종잇조각이나 머리카락을 잡아당기는 힘으로 관찰된다. 이것을 응용한 기기가 복사기이다. 빛을 이용하여 정전기 형태로 문자나 그림을 종이에 형성시킨 후 여기에 붙는 탄소 분말로 된 토너를 열로 고착시킨다. 그리고 마지막으로 정전기를 종이에서 제거하면 깨끗한 복사가 완성된다.

이 정전기의 흡인력과 반발력을 모터에 이용할 수도 있겠으나 자계의 힘에 비해 너무 약하기 때문에 현재로서는 이용가치가 거의 없다. 그러나 크기가 1㎜ 이하의 모터에서는 장래가 있다는 것을 제7장에서 설명하고 있다.

2.9 미소운동의 세라믹 모터

전계는 세라믹에서 나타나는 압전효과(Piezo Electric Effect)라는 현상을 응용한 것이 실용성이 있어서, 액추에이터(전기신호를 기계적인 운동으로 바꾸는 기기로서 넓은 의미에서는 모터의 한 형태임)라고 불리는 곳에 이용되고 있다.

수정에 압력을 가하면 전압이 발생하는 현상을 압전효과라 부른다. 이 현상을 거꾸로 이용하여 〈그림 2-17〉에 그려져 있는 바와 같이 수정에 전압을 가하게 되면 힘이 발생하여 늘었다 줄었다 하는데, 이를 역압전효과라 한다. 이 같은 현상이 나타나는 재료로서 최근 주목을 받고 있는 것은 지르콘산, 티탄산, 납(통칭 PTZ)과 마그네슘, 나이오븀산, 납(통칭 PMN)이라는 세라믹 재료가 있는데, 전자는 대략 전압에 비례하고 후자는 낮은 범위의 전압에서는 2승에 비례하여 신축작용을 한다. 신축작용 자체는 극히 적지만 세라믹과 전극을 여러 장 겹치게 되면 이를 크게 증폭시킬 수 있으며, 미소한 움직임에 비해 힘은 10kg 이상으로 꽤 세다. 이를 지렛대의 원리를 이용하여 스트로크(팔의 길이)를 신축시키는 것이 프린터에 사용되는 인쇄용 액추에이터의 역할이다.

2.10 초음파 모터—일본인의 발명 등장

일본의 모터 산업(특히 소형 모터의 제조업)은 세계 제일로서 엔지니어들의 끊임없는 노력에 의해 제2위가 어느 나라인지 알 수 없을 정도로 맹렬하게 발전하고 있다. 그러나 모터의 원리

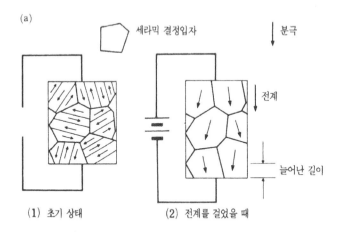

(a)

세라믹 결정입자 · 분극

전계

늘어난 길이

(1) 초기 상태 · (2) 전계를 걸었을 때

(1)에서는, 결정입자의 내부는 전기분극과는 다른 방향의 구역
으로 나누어져 있다. (2)에서는 결정입자 내부의 분극방향이 전
계의 방향으로 정렬하고 동시에 결정입자가 전계 방향으로 늘어
난다.

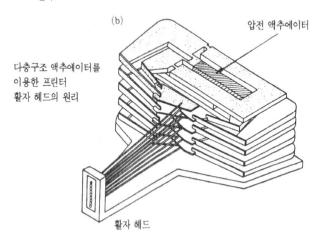

(b)

압전 액추에이터

다층구조 액추에이터를
이용한 프린터
활자 헤드의 원리

활자 헤드

〈그림 2-17〉 압전 세라믹을 이용한 액추에이터의 원리와 응용 예

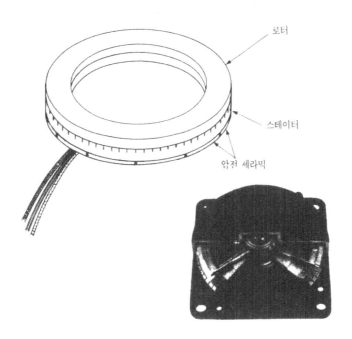

로터

스테이터

안전 세라믹

〈그림 2-18〉 회전형 초음파 모터

나 구조에 대한 여러 가지 근본적인 발명은 모두 유럽인과 미국인에 의한 것이고, 일본인은 그 발명을 완성하여 높은 품질과 낮은 코스트로 대량 생산하는 기술에 천재성을 발휘한 것이었다.

  그런데 최근 들어, 근본적인 발명에 속하는 초음파 모터의 발명이 사시다(指田年生)라는 일본인에 의해 이뤄졌다. 사시다 씨는 두 종류의 초음파 모터를 발명하였는데, 이들은 물질의 표면으로 전해지는 파동을 이용한 모터로서 여러 기업에서 실용화 연구를 진행하고 있다. 〈그림 2-18〉에는 초음파 모터의 주요 구조와 내부 사진을 나타내고 있다.

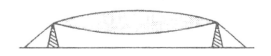

〈그림 2-19〉 현에 나타나는 정상파

　초음파 모터는 역압전 효과를 이용한 것으로 이것의 원리에 대해 처음부터 끝까지 개략적으로 살펴보겠다. 우선 파동이라고 하는 것에 대해 약간의 지식이 필요한데, 이를 가야금을 예로 들어 설명하면 다음과 같다. 〈그림 2-19〉와 같이 팽팽한 현을 튕기면 현이 활시위처럼 되어 진동한다. 현악기에서 현의 각 부분은 상하로만 진동하고 있으며, 진동의 주파수는 어디에서나 일정하지만 진폭(진동의 크기)은 현의 위치에 따라서 달라진다. 이와 같은 파동을 정상파라고 한다. 파동에는 또 하나, 진행파라고 하는 것이 있다. 바람이 잠잠할 때 호수에 돌을 던지면 돌이 떨어진 곳으로부터 파동이 발생하여 주변으로 퍼져가는 것을 누구나 관찰할 수 있는데, 이것이 진행파로서 전파하는 파동이다.

　진행파와 정상파는 전혀 다른 것이 아니라 서로 밀접하게 관계되어 있다. 욕조에 물을 담고 세면기와 같은 것으로 중앙의 물을 밀치면 욕조의 수면에는 정상파가 발생하는데, 이 정상파는 〈그림 2-20〉과 같이 진행파가 벽에 충돌해서 튀어나온 반사파와 서로 겹쳐서 생기게 되는 것이다. 가야금과 같은 경우에는 현의 끝에서 파가 반사하여 두 끝 사이를 파동이 왕복하기 때문에 정상파가 되는 것이다.

　금속봉의 일부에 진동을 가하면 그 장소로부터 파동이 진행파로 형성되어 양쪽 방향으로 전파한다. 여러 가지의 파동이

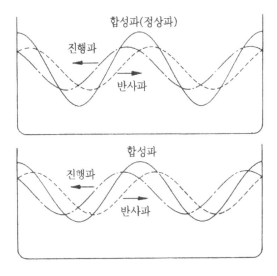

〈그림 2-20〉 수면에 나타나는 정상파는 진행파와
반사파가 중첩된 것이다

있는데, 그중 하나가 〈그림 2-20〉과 같은 모양으로 금속봉의
표면이 뱀과 같이 움직이는 진동이다. 표면의 한 점만을 관찰
하면 단순한 상하운동이 아니라 타원운동을 하고 있는 재미있
는 현상이 나타나는데, 이것을 이용하는 것이 초음파 모터이다.
이것은 해안으로 밀어닥치는 바다의 파도와 유사하여 파도에
휩싸여 떠 있는 나뭇조각의 움직임을 관찰하면 타원운동을 하
고 있는 것을 알 수 있다. 파도에서는 파의 가장 높은 부분(파
고)이 해안 쪽으로 이동하고, 반대로 낮은 부분(파저)은 바다를
향하여 이동한다. 다시 말해서 진행파의 전파방향과 파고의 이
동방향이 일치하고 있다. 그러나 금속봉에서는 이 관계가 반대
이다. 이처럼 수면의 파동과 금속에 전파하는 탄성파는 서로

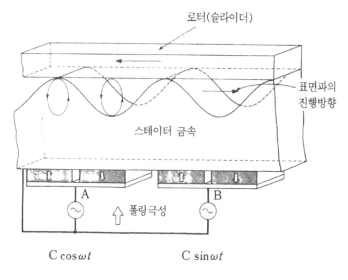

로터(슬라이더)

표면파의
진행방향

스테이터 금속

A   B

⬆ 폴링극성

$C\cos\omega t$ $C\sin\omega t$

〈그림 2-21〉 초음파 모터의 원리

유사한 점과 다른 점이 있다. 이 차이는 설명하기가 매우 복잡한 반면 초음파 모터를 이해하는 데 꼭 필요한 것이 아니므로 여기에서는 생략하겠다.

초음파 모터를 만드는 데 중요한 것은 정상파가 아니라 진행파를 발생시키고 이를 한쪽 방향으로만 진행하도록 해야 한다는 것이다. 똑바르고 길이가 일정한 금속봉에서는 고정된 끝에서 파가 반사해 버리기 때문에 정상파가 발생한다. 따라서 반사파가 발생하지 않도록 길이가 무한대인 효과를 나타내야 하는데 여기에는 금속을 링 모양으로 사용하는 것이 효과적이다. 또한 양쪽으로 전파되는 진행파를 한쪽 방향으로만 움직이게 하기 위해 진동원이 적어도 둘 이상이 되어야 한다. 〈그림 2-21〉은 직선운동을 하는 리니어 모터의 형식을 그린 것으로 회전형 링의 일부를 보고 있는 것으로 해석해도 무방하다.

여기에는 압전 세라믹으로 된 짝수 개의 진동원이 일정한 간격으로 배치되어 있고, 이들을 하나씩 건너서 같은 그룹에 속하도록 하여 두 개의 그룹으로 나눈다. 한쪽 그룹(이를 A군이라고 함)에서는 $C\cos\omega t$의 진동을 전압에 의하여 발생시키고, 다른 그룹(B군)에서는 $C\sin\omega t$의 진동을 만들어 내면 진행파는 〈그림 2-21〉의 오른쪽 방향에서 발생한다. 여기서 C는 진동의 진폭이며 ω는 진동수, 즉 f의 2π배에 해당하는 주파수이다. 만약 B군에 $-C\sin\omega t$의 진동을 발생시키면 진행파의 방향은 역전하여 왼쪽으로 움직이게 된다.

〈그림 2-18〉과 같이 겹쳐 있는 2장의 금속 링 가운데 한쪽 링에는 진행파가 달리고 있고, 다른 쪽 링에는 강한 압력으로 접촉되어 있는 경우를 보자. 파가 달리고 있는 링 표면의 각 점은 진폭이 수 마이크로미터(1마이크로미터는 1,000분의 1㎜)인 타원운동을 하게 되고, 파고와 접촉을 하고 있는 다른 링은 이 타원운동에 이끌려 〈그림 2-21〉과 같이 왼쪽 방향으로 움직이게 된다.

2.11 왜 초음파인가?

앞에서처럼 금속 링 표면의 파동을 이용할 경우 1회의 원추운동으로는 1마이크로미터 정도밖에 움직이지 않는다. 그러나 이 원추운동을 1초에 2만 회 하게 되면 초당 2㎝의 속도로 링이 돌게 할 수 있다. 초음파라고 하는 것은 인간의 귀로 들을 수 없는 음파로서, 주파수로 보면 20킬로헤르츠(20kHz), 다시 말해 1초에 2만 회 이상 진동하는 것이다. 따라서 지금 설명하고 있는 초음파 모터는 공기 중에 전파되는 음파를 이용하는 것이 아니라, 초음파 영역의 진동을 압전 세라믹을 이용하여 금속 링의 표면에 파동을 일으킴으로써 모터의 움직임을 얻는 것이다.

앞에서 설명한 바와 같이, 초음파 모터기를 움직이는 방향은 A군 혹은 B군에 걸리는 전압의 위상으로 바꿀 수 있으며, 또한 진폭(C)을 이용하여 속도를 조정할 수 있다. 또 속도의 조정은 진폭(C)의 조정에 의해 가능하다.

2.12 플라즈마도 자계에 의하여 제어된다

자계의 위력에 대하여 한 가지 더 지적해 두고자 한다. 우라늄이나 플루토늄의 핵분열을 무기로 이용한 것이 원자폭탄이라면, 평화적으로 이용한 것이 원자력발전이다. 한편, 수소폭탄은 2개의 중수소를 1개의 헬륨 원자로 융합시킬 때 방출되는 에너지를 이용한 것으로 핵분열의 역, 다시 말해서 핵융합이라고 한다.

핵융합의 평화적인 이용은 매우 어려워서 세계 각국에서 막대한 연구비를 투입하고 있음에도 불구하고 아직까지는 실현 가능성이 보이지 않고 있다. 2개의 중수소 원자를 충돌시켜야 하는데, 너무나도 큰 반발력 때문에 좀처럼 가깝게 가져 갈 수가 없다. 이 반발력을 이기기 위해서는 온도를 수천만 도로 높여서 원자운동의 속도를 더욱 더 빠르게 해 주지 않으면 안 된다.

그래서 수소폭탄에서는 우선 우라늄이나 플루토늄의 핵분열(다시 말해서 원자폭탄의 폭발)에 의해 만들어진 중수소의 핵융합을 일으켜 거대한 에너지를 순간적으로 발생시키는 것이다. 파괴를 목적으로 하는 데는 이러한 것만으로도 이용이 가능하지만, 건설적인 목적을 위해서는 수천만 도의 고열을 견디는 용기 속에서 장시간에 걸쳐 핵융합 반응을 지속시켜야 한다. 과연 이 같은 고온에 견딜 만한 물질이 있을 것인가?

있다고 한다면, 그것은 물질이 아니라 바로 자계이다. 고온의 가스는 원자핵과 전자가 제멋대로 되어 있는 상태로서 전리기체(電離氣體)이며 플라즈마라고 불린다. 플라즈마를 자계에 주입하면 이온이나 전자는 자력선에 달라붙게 되는데, 이때 자계의 크기를 급속히 줄이면 플라즈마도 함께 수축하여 더욱 고온이 된다.

이와 같이 자계는 철이나 도체와 같은 고체뿐만 아니라 플라즈마의 움직임조차도 컨트롤하는 성질을 갖추고 있다. 그러나 플라즈마를 이용한 모터는 아직 없다. 지금까지는 모터의 물리학에 있어서 중요한 사항들을 여러 가지 각도에서 살펴보았다. 관점을 바꾸어 공학적인 면에서 모터란 어떤 것일까? 다음 장에서 보도록 하자.

가장 작은 모터

필자가 본 것 중에 가장 작은 것은 스위스의 시계부품 메이커를 방문했을 때 본 것으로, 직경도 길이도 5㎜ 정도였다. 그것은 손목시계용으로 초창기에 만들어진 스테핑 모터인데 보통 모터 형상을 하고 있었다. 아마 이를 손목시계용에 적합한 형상과 성능을 갖도록 개량한 것은 일본의 시계 메이커일 것이다. 그 모터의 기본 형상은 〈그림 3-21〉과 같은 것으로, 직경이 1㎜인 영구자석이 1초에 반회전하고 이것을 톱니로 감속하여 3개의 침을 움직이고 있다. 여성용 손가락시계 속에도 이 같은 모터가 들어가 있다고 하니 얼마나 얇은지 상상할 수 있을 것이다.

가장 작은 모터는 제7장에서 소개할 정전기 모터로, 직경이 0.1㎜ 정도 된다.

실험실에서 갓 태어났기 때문에 지금부터 어떻게 진행될지 귀추가 주목된다.

회전력, 토크, 모멘트

모터의 샤프트로부터 얻어지는 힘을 회전력 혹은 토크라고 한다. 이것은 〈그림 A1〉과 같이 샤프트에 붙여진 폴리에 실을 걸어서 측정할 때, 추의 무게(W)에서 눈금의 값(Wr)을 뺀 것과 폴리의 반경(샤프트의 중심에서 실까지의 거리인 R)을 곱한 값이다.

물리학을 배운 독자 중에는 이것을 힘의 모멘트(Moment)라고 지적하는 사람도 있을 텐데 그것도 맞는 말이다. 독일어에서는 회전력을 das Moment(중성명사, 순간을 의미하는 남성명사인 der Moment와 구별)라고 한다. 일본에서는 '회전력'이 정식 용어라고

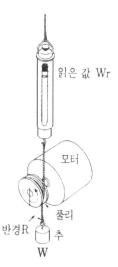

〈그림 A1〉
토크=R(W−Wr)

생각되지만, 최근에는 토크라고 하는 경우가 많다.

또, 영어로는 Torque로 영국식 발음은 '이야기한다'의 의미인 Talk와 같다. 결국 토크에 가깝다. 국제회의 등에서 가타카나의 토르크를 염두에 두고, 거기다가 어미의 무성음인 'ue'를 자기 나름대로 해석해서 '토르크-'와 같이 틀리게 발음하는 경우가 종종 있는데 이를 주의해야 한다.

토크의 단위로서, 일본에서는 g·㎝, kg·m를 쓰고 있지만, 국제단위계(SI)에서는 N·m이다.

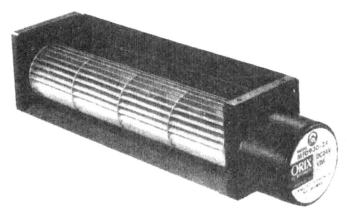

크로스플로우 팬

제3장

물리학에서 공학으로

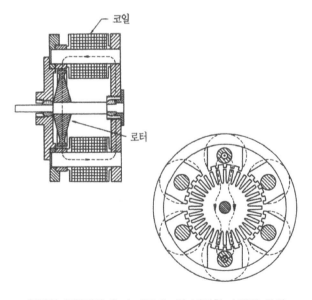

영국의 토목기사 C. L. Waller가 발명한 스테핑 모터

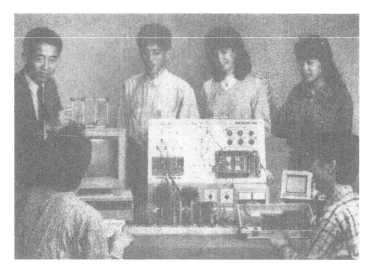

〈그림 3-1〉 메카트로라보 모터의 모든 종류에 대해 고전적 운동법
부터 컴퓨터 제어까지 배울 수 있다

　물리학이나 화학의 원리를 이용하여 인간의 생활에 도움이
되도록 하는 학문을 공학(테크놀로지)이라고 한다. 모터의 경우
도 전자기학(電磁氣學)에 속하는 전기역학(電氣力學)이라는 물리
학적 원리를 응용한 것이라고 할 수 있다. 그러나 고도로 발달
한 모터 공학을 논하는 데 있어서 '물리학의 기본적인 원리를
이용한다'고 하는 관점만으로는 틀리지 않았지만, 결코 충분하
다고 할 수 없다.

　오히려 이와는 전혀 다른 관점에서 공학적으로 생각해 보는
것이 더 유익하다. 특히, 현대와 같이 한 개의 모터를 움직이는
데에도 컴퓨터와 파워 일렉트로닉스(Power Electronics)를 이
용하는 시대에 있어서는, 물리학의 원리를 넘어서서 넓은 차원
에서 살펴보는 편이 옳을 것이다.

〈그림 3-2〉 메카트로라보의 스테이터 A와 스테이터 B

이 같은 필자의 주장을 효율적으로 펴기 위해서, 현대의 모터 기술을 종합적으로 볼 수 있는 〈그림 3-1〉의 사진과 같이 한 개의 실험 장치를 '메카트로라보(Mechatronic을 실험하는 장치)'라고 이름을 붙였다. 이 사진은 학생들이 필자의 이야기를 들으면서 실험을 즐기고 있는 모습이다.

이 장에서는 메카트로라보의 구성을 소개하면서 모터의 공학적인 원리에 대해 설명하고자 한다.

3.1 스테이터, 로터, 권선—모터의 3요소

모터는 앞에서 본 바와 같이 먼저 권선이 필요하며, 이외에 두 개의 큰 구성요소로서 항상 정지하고 있는 것이 있다. 스테이터(고정자)라고 부르는 것과 회전을 하는 로터(회전자)라는 것이 있다.

〈그림 3-3〉 메카트로라보에 준비되어 있는 여러 가지 로터

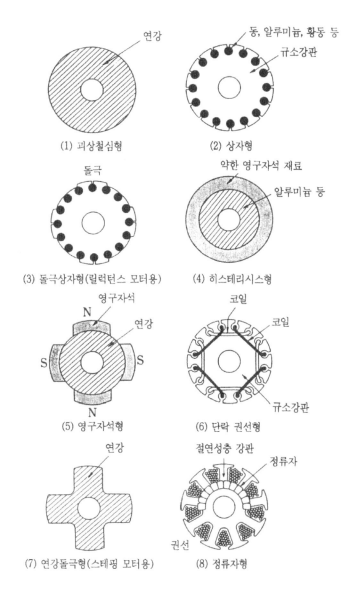

(1) 괴상철심형

(2) 상자형

(3) 돌극상자형(릴럭턴스 모터용)

(4) 히스테리시스형

(5) 영구자석형

(6) 단락 권선형

(7) 연강돌극형(스테핑 모터용)

(8) 정류자형

〈그림 3-4〉 각종 로터의 단면 구조

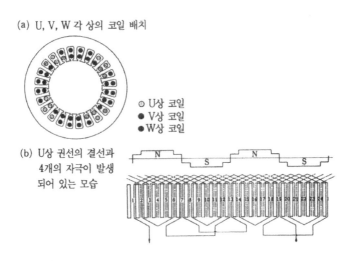

(a) U, V, W 각 상의 코일 배치

◎ U상 코일
● V상 코일
● W상 코일

(b) U상 권선의 결선과
4개의 자극이 발생
되어 있는 모습

〈그림 3-5〉 24개 슬롯에 3상 4극 권선을 설치한 예

〈그림 3-2〉는 메카트로라보에서 채택하고 있는 2종류의 스테이터 A와 B를 나타낸 것이다. 한편 〈그림 3-3〉의 사진에는 8종류의 로터를, 〈그림 3-4〉에는 그것들의 단면도를 나타냈다. 스테이터의 구조는 다른 책에서도 소개되어 있는 바와 같이 여러 가지 종류가 있지만, 두 가지로 분류될 수 있다. 또한 기본적으로는 A의 '겹쳐 감는 방식'과 B의 '따로 감는 방식' 두 가지로 분류될 수 있다. 또한 스테이터의 모양에 있어서도 요철이 있는 철심을 쓰는 경우와 그렇지 않은 것이 있다.

3.2 로터의 구조로 결정되는 교류 모터

일반 가정으로 들어오는 단상 100V(볼트)나 공장에 배선되어 있는 3상 200V의 교류로 작동하는 모터를 교류 모터라고 부른다. 교류 모터에도 여러 가지 형식이 있지만 기본적으로는 로

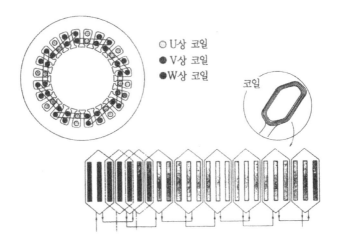

〈그림 3-6〉 24개 슬롯에 3상 8극 권선을 설치한 예

터의 구조에 따라서 성질과 종류가 달라진다.

　한편, 여러 형식의 교류 모터에 있어서 공통적인 점은 스테이터의 역할이다. 일반적으로 3상의 교류 모터를 실험할 때에는 〈그림 3-2〉에 있는 스테이터 A를 사용하는데 여기에는 실제로 2개 조의 권선이 배치되어 있다. 이 중 4극 권선이라고 불리는 형식의 구체적인 모습을 나타낸 것이 〈그림 3-5〉이고, 8극 권선을 나타낸 것이 〈그림 3-6〉이다. 이들 그림을 통해 알 수 있는 것은 여러 개의 구리선 코일을 연결하여 놓은 전체를 한 권선이라 한다는 것이다.

　U, V, W로 구별되어 있는 각 코일은 서로 겹쳐진 상태로 규소강판을 쌓아 만든 철심의 홈에 감기게 된다. 규소강판이란 규소를 함유시킨 강판으로 자속을 통하기 쉽기 때문에 트랜스포머나 모터의 철심 재료에 쓰인다. 절연된 얇은 판 형태로 한

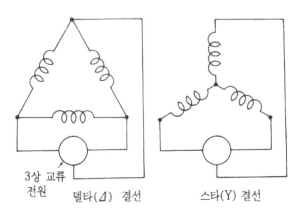

3상 교류
전원　　　델타(Δ) 결선　　　스타(Y) 결선

〈그림 3-7〉 델타 결선과 스타 결선

장 한 장 쌓아서 철심을 만드는 이유는 철심 속에 불필요한 전류가 흐르는 것을 방지하기 위해서이다. 3개 조의 권선을 연결하는 방식에는 〈그림 3-7〉의 델타 결선과 스타 결선이 있는데, 이 그림에서는 권선을 한 개의 코일(￫)로 나타내었다.

　자세하게 보면 델타(Δ) 방식과 스타(Y) 방식 사이에는 약간의 차이가 있으나 본질적으로는 차이가 없으며, 어느 방식에서나 3개의 단자에 3상 교류가 흐르면 스테이터의 내부에 자계가 발생하여 회전한다. 이것을 회전자계라고 부르는데, 이 자계 속에 로터를 놓아두면 자계의 회전방향으로 힘을 받아서 회전하게 된다. 이때 회전력과 속도의 관계는 로터의 종류에 따라서 달라지는데 이에 대해 간단히 설명하면 다음과 같다.

　① 가장 단순한 괴상(塊狀)철심형 모터

　가장 간단한 원통형 철심으로 〈그림 3-3〉에서 첫 번째로 있는 로터이다. 이는 제2장 2.6절에서 설명한 유도 모터에 사용

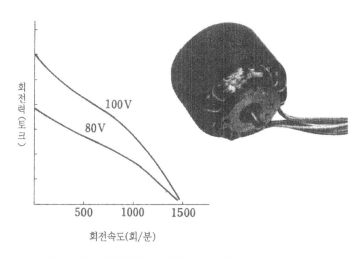

<그림 3-8> 괴상철심형 모터의 토크 대 회전속도 그래프와
외측 로터형 사진

되는 로터의 일종이며, 회전력과 속도 사이의 관계는 〈그림
3-8〉과 같이 된다. 움직이기 시작할 때에 토크(회전력)가 가장
높으며, 속도가 증가함에 따라 감소한다. 또한 스테이터의 돌출
된 부위로 인한 마찰로 회전력이 조금은 복잡한 양상을 띠며 감
소한다.

이 같은 모터의 응용으로서, 오래전에 테이프 리코더 릴의
구동 모터가 〈그림 3-8〉의 사진에서 보는 바와 같이 외측 로
터형(외측에 로터가 배치되어 있는 모터)으로 제조된 적이 있었
다. 이의 특징으로는 회전이 매끄럽다는 점과 낮은 속도에서
높은 힘을 낸다는 점이다.

② 가장 널리 보급되어 있는 상자형 유도 모터

생쥐나 다람쥐가 안에 들어가서 빙글빙글 돌리는 틀을 영어

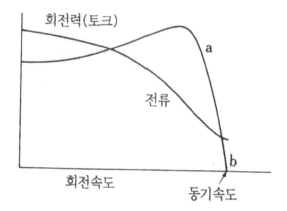

〈그림 3-9〉 유도 모터의 회전력 대 속도와 교류곡선

로 Squirrel Cage라고 하는데, 이 같은 구조의 도체(동, 알루미늄, 황동 등)를 로터로 하는 모터를 상자형 유도 모터라고 부른다. 이 모터는 가장 넓은 용도를 갖고 있어 큰 것은 공장 동력용으로, 작은 것은 가전용품의 모터로 사용되고 있다.

상자형 유도 모터의 회전속도는 교류의 주파수와 권선의 연결 방식에 따라서 대략 정해진다. 일반적인 4극 모터의 경우, 관동이나 도호쿠 지방 등 50Hz 지역에서는 1분에 1,500회전〔이 속도를 동기(同期)속도라고 한다〕보다 조금 낮은 속도로 돌며, 부하가 크면 조금 더 내려간다. 반면에 이 모터를 관서지방 등 60Hz 지역에서 운전하면, 분당 1,800회전(이것도 동기속도)보다도 조금 낮은 속도로 돈다. 또한 권선의 설계를 변경해서 8극으로 만들면 속도는 대략 절반으로 줄어들게 된다.

〈그림 3-9〉는 상자형 유도 모터에 있어서 토크 대 속도 특성의 전형적인 예를 나타낸 것이다. 대략적으로 볼 때, 토크는

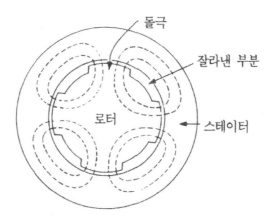

돌극

잘라낸 부분

로터

스테이터

〈그림 3-10〉 4극 릴럭턴스 모터의 자속분포

움직이기 시작할 때는 낮지만 속도가 증가함에 따라 함께 상승하다가 동기속도에 가까워지면 급격히 저하된다. 이 모터는 통상 동기속도 근처에서 운전되고 있다. 전류의 경우는 움직이기 시작할 때 많이 흐르고, 속도의 상승과 함께 감소한다.

상자형 모터나 괴상철심 모터와 같이 동기속도보다도 낮은 속도로 운전되는 모터를 '비동기 모터'라고 한다.

③ 돌극상자형 로터로 하면 일정한 속도가 된다

이 모터는 상자형 유도 모터의 로터를 부분적으로 깎아 버린 것과 같은 로터를 사용하는데 이렇게 하면 매우 다른 성질을 얻게 된다.

이는 회전속도가 부하의 크기에 의존하지 않고 일정한 값으로 정해진다는 것으로, 예를 들면 4극 권선으로 50Hz에서 운전하면 정확히 동기속도인 1,500회전이 된다. 다시 말해서 상자형 유도 모터와 같이 부하에 따라서 속도가 변화하지 않는다

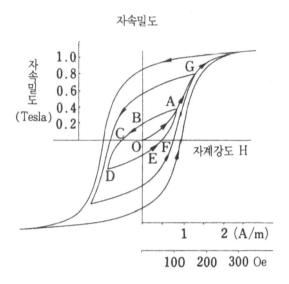

자속밀도

〈그림 3-11〉 히스테리시스 곡선. 자화 0인 상태에서 자계를 걸어 A점에 다
다른다. H를 낮추면 원래 곡선을 따라가지 않고 B점으로 온다.
H를 (-)방향으로 하면 D로 온다. H를 높여 (+)로 하면 EF를
지나 A점으로 오고 다시 G점까지 이른다. 최고 H값을 크게 하
고 이 안에서 (+), (-)를 교대로 변화시키면 큰 곡선을 그린다

는 것이며, 이 때문에 일정한 속도로 운전을 해야 하는 장치에
이 같은 모터를 이용하기도 한다. 이와 같이 주파수와 자극의
수(NSNS……의 N과 S의 수)에 의해서 속도가 정확히 결정되
는 모터를 '동기 모터' 혹은 릴럭턴스(Reluctance) 모터라고
부른다. 이를 좀 더 정확히 표현하기 위해서 영어로는 Reluctance
Synchronous Motor라고도 한다.

Reluctant는 '무엇무엇 하고 싶지 않다'는 의미인데, 전기공
학에서는 전기저항의 Resistance에 대하여 Reluctance는 자
기저항을 의미하는 것이다. 다시 말해 깎아 버린 부분은 로터

의 철심과 스테이터의 철심 사이가 넓어져 자속이 통하기 어렵기 때문에 자기저항이 높고, 반대로 깎아 버리지 않아서 결과적으로 튀어나와 있는 부분(이것을 돌극이라고 한다)은 스테이터와 로터 사이에서 자속이 통과하기가 쉬워 자기저항이 낮아진다. 이 〈그림 3-10〉의 4극 모터에서와 같이 자속은 항상 돌극 부분의 갭(공극)을 통해서 스테이터에서 로터로, 로터에서 스테이터로 흐르게 되며, 따라서 자속이 회전하면 로터도 같은 속도로 돌게 되는 것이다.

④ 불완전한 영구자석 로터로 된 히스테리시스 모터

소형 모터의 세계에서 또 하나의 중요한 동기 모터가 히스테리시스 모터이다. 이것은 강한 영구자석 대신에 자화를 시키지 않는 약한 영구자석 링을 그대로 로터로 사용하는 것이다. 히스테리시스란 자기이력 현상을 가리키는 것으로 자속을 만드는 외부의 자계 강도(H)와 이에 의해 발생하는 자속밀도(B) 사이의 관계가 과거의 이력에 의존해서 결정되는 현상을 말한다. 다시 말해서 H와 B가 〈그림 3-11〉과 같이 비직선형의 관계를 갖게 되는 것을 자기 히스테리시스라고 하며, 이 성질을 적극적으로 이용한 것이 바로 히스테리시스 모터이다. 히스테리시스 모터는 최근에는 감소하였지만, 예전에는 테이프 리코더의 테이프나 레코드플레이어를 일정한 속도로 돌리기 위해서 대량으로 사용된 적이 있었다.

이 모터가 일본에서 대량생산되기까지에는 매우 재미있는 역사가 있다. 라이벤즈(G. H. Livens)가 저술하여 1918년 케임브리지대학에서 출판된 전기물리학 책에는 히스테리시스 모터의 기본 원리가 되는 전자기학 이론이 벡터 해석이라는 수학을 이용하여 전개되어 있다. 일반적으로 히스테리시스 현상은 모터의 성능에 나쁜 영향을 미치는 것으로 알려져 왔지만 스타인메츠(C. P. Steinmetz, 1866~1923)는 이를 폭넓게 연구하여 교류 모터의 발달에 기여하였으며, 특히 그의 책에는 히스테리시스 모터의 가능성에 대해서 기술되어 있다. 실제로 히스테리시스 모터를 만든 사람은 미국의 티어(B. R. Teare)라는 사람으로, 나는 그가 1937년에 예일대학에 제출한 학위논문을 입수하여 읽어 보고 이론 및 실제 면에서 그가 한 일의 위대함에 감탄하지 않을 수 없었다. 그는 1940년에 학위논문과는 다른 논법으로 논문을 공표하였는데, 그 시기가 제2차 세계대전 직전이었기 때문에 이것이 엔지니어의 눈에 띌 때까지 5년 이상 걸린 것 같다. 어쨌든, 전쟁이 끝나고 미국산 테이프 리코더가 일본에 들어왔을 때 히스테리시스 모터라고 하는 것이 오디오 기술자의 눈에 띄었고, 이 모터의 생명은 뭐니 뭐니 해도 로터용에 쓰이는 자석강이었기 때문에 일본의 선구자들은 자석강의 제조에 골몰하기 시작하였다. 초기의 히스테리시스 모터 개발에 정열을 바친 사람 중에 TEAC 사장인 타니카츠마(谷勝馬) 씨와 소니의 촉탁을 거쳐 나중에 대동제작소의 부사장을 지낸 타무라 세이시로(田村正四郎) 씨가 있으며, 우수한 자석강을 만들어 낸 동북금속의 젊은 금속학자 미네 타쿠(崎卓) 씨도 이들 중의 하나였다. 이 자석강의 개발을 계기로 하여 오디오용 모터의 생산이 일본 각지에서 활발하게 이루어져 소형 모터 기술의 확고한 기반이 쌓이기 시작하였다.

앞에서 말한 릴럭턴스 모터와는 달리 히스테리시스 모터의 우수한 점은 회전 시 불안정이 적은 것과 극수가 다른 복수조

〈그림 3-12〉 바깥 부분이 회전하는 형식인
히스테리시스 모터

의 권선(예를 들면 2극, 4극, 8극의 3개 조)을 설치하여 선택
적으로 사용함으로써 속도를 2단 혹은 3단으로 변환시킬 수 있
다는 것이다. 예를 들어 분당 회전속도를 3,000, 1,500, 750
회전 등 3단계로 할 수 있다는 것이다. 릴럭턴스 모터의 경우
는 한 가지 속도로 운전하는 것은 용이하지만, 두 가지 속도로
는 효율을 좋게 할 수 없다는 단점이 있다. 〈그림 3-12〉는 독
일의 명문 메이커인 패스트사에서 만든 진기한 외측 로터형 히
스테리시스 모터이다.

　히스테리시스 모터는 VTR의 실린더를 구동시키기에는 회전
안정성 면에서 한계가 있다는 점이 밝혀지면서 급격히 쇠퇴하

였으며, 이와 때를 같이하여 더욱 소형이면서 효율이 좋은 브러시리스 DC 모터가 개발되기 시작했다.

⑤ 영구자석 로터

로터에 영구자석을 사용하는 형식으로 일단 움직이기 시작하면 효율이 좋은 모터이지만, 일상 사용되는 50이나 60Hz의 전원에서는 주파수가 너무 높아서 작동시킬 수 없다. 그래서 나중에 설명하는 인버터로 주파수를 낮게 해서 작동시킨 후 주파수를 점차로 높여서 속도를 높인다. 이 모터의 또 하나의 결점은 불규칙적으로 회전이 불안정해지기 쉽다는 점이다. 영구자석 로터는 교류 모터보다는 나중에 설명하는 브러시리스 DC 모터에 주로 이용된다.

⑥ 권선형 로터

이 같은 로터를 소형의 모형으로 만든 것이 〈그림 3-13〉의 (a) 사진으로 권선을 한 로터이다. 권선에 전류를 공급하거나 외부의 회로를 접속시키기 위해 슬립링(Slip Ring)이라는 것이 붙여져 있는데, 직류(DC) 모터에서와 같이 브러시를 슬립링에 연결시켜 전원이나 외부 회로와 접속시킨다.

이 로터는 유도 모터와 동기 모터에 다 사용할 수 있다. 우선 유도 모터에 이용하는 경우에는 통상 3상 권선을 배치하고 슬립링과 브러시를 연결시켜 〈그림 3-13〉의 (b)와 같이 저항을 외부에서 조정하면서 운전한다. 이렇게 하면 속도에 따라 효율이 좋게 작동시킬 수 있으나 고전적인 방법으로 인버터의 발달에 의하여 기술적인 의미를 급속히 잃어가고 있다. 또 다른 작동 방법은 같은 그림의 (b)와 같이 외부의 직류전류에 의해 전자석을 형성하여 동기 모터의 형식으로 작동하는 방식인데, 이

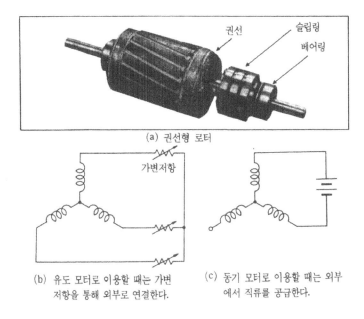

(a) 권선형 로터

가변저항

(b) 유도 모터로 이용할 때는 가변
저항을 통해 외부로 연결한다.

(c) 동기 모터로 이용할 때는 외부
에서 직류를 공급한다.

〈그림 3-13〉 교육기기로 제작한 권선형 로터와 그것의 사용회로

것 역시 소형 모터에서는 사용되지 않고 있다.

⑦ **돌극형 괴상철심 로터**

이 형식의 로터는 교류 모터가 아니라 스테핑 모터에서 사용
되는 것으로 '3.4 스테핑 모터란 무엇인가?'에 설명되어 있으니
이를 참조하기 바란다.

⑧ **정류자 로터**

이 로터를 쓰는 교류 모터는 교류정류자 모터 혹은 유니버설
모터라고 불린다. 앞서 언급한 회전자계형의 모터와는 원리가
다르고, 오히려 직류 모터에 가깝기 때문에 3.6절에서 별도로
설명하겠다.

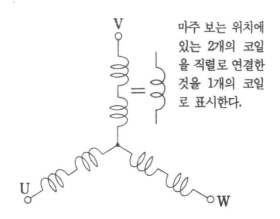

마주 보는 위치에 있는 2개의 코일을 직렬로 연결한 것을 1개의 코일로 표시한다.

〈그림 3-14〉 메카트로라보의 스테이터 B를 Y결선 하고 여기에 수동 스위치와 직류 전원을 이 용하여 자계를 만든다

3.3 스테이터가 자계를 회전시킨다

교류 모터에서 스테이터는 자계를 발생시켜 로터를 회전시키는 역할을 한다. 이에 대한 기본적인 원리는 이미 제2장에서 설명했기 때문에 여기서는 실제의 방법에 가장 가까운 3상 인버터의 원리에 의해서 자계가 회전하는 양상을 설명하겠다.

3상 모터 중 가장 간단한 형식은 〈그림 3-2〉에 보인 메카트로라보의 스테이터 B를 이용한 것이다. 여기에 있는 6개의 코일을 〈그림 3-14〉와 같이 Y결선으로 연결한다. 이것은 180도의 위치에서 마주 보는 2개의 코일이 직렬로 N과 S극을 형성하게 된 것을 한 개의 상으로 하여 총 3개의 상을 Y형으로 결선한다는 얘기이다. 그다음에 3개의 단자를 〈그림 3-15〉와 같이 3개의 스위치에 연결하고, 이를 조작하여 각 상에 흐르는 전류의 방향을 변화시킨다. 이렇게 하면 모터 내부에 형성되는

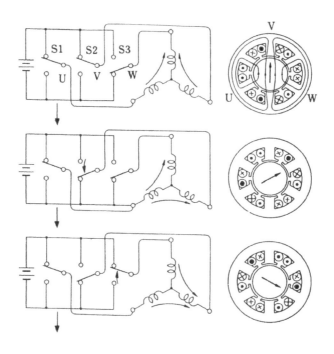

〈그림 3-15〉 수동 스위치 조작에 의해 자계가 돈다

자계의 분포가 60도씩 회전하는 것을 알 수 있는데, 이때의 스위칭 순서와 모터의 권선 단자에 걸리는 전압의 변화를 〈그림 3-16〉의 표와 그림에 나타내었다.

여기에서 주의해야 할 사항은 위와 같이 스위치를 조작하는 경우 권선에 걸리는 전압이 계단 모양을 갖는 펄스(Pulse)형의 교류 변화를 한다는 점이다. 그런데 스위치의 조작을 적당히 빠른 주파수로 행하게 되면 전류는 반드시 계단 모양으로 변화하는 것이 아니라 〈그림 3-17〉의 사진과 같이 연속적으로 변화한다. 이는 정현파(Sine파)만큼 매끄럽진 않지만 계단파와 같이 돌발적으로 변화하지는 않으며, 이에 따라서 자계도 60도 간격이 아니라 어느 정도 매끄럽게 회전한다. 여기에 계단형 전압 대신 전력회사에서 공급되는 상용의 하상 정현파 교류전압을 가하면 전류도 거의 정현파가 되어 자계는 상당히 매끄럽게 회전한다. 이것이 통상의 3상 교류에 의한 모터의 운전 원리에 해당된다.

메카트로라보에서는 상용전원에 의한 작동은 물론, 스위치에 의한 작동도 간단히 행할 수 있도록 되어 있다. 〈그림 3-1〉의 사진은 실험에 의하여 상자형 유도 모터가 회전하는 모습을 보고 있을 때를 찍은 것이다.

3.4 스테핑 모터란 무엇인가?

〈그림 3-3〉에 있는 메카트로라보의 일곱 번째 로터는 매우 재미있는 모양을 하고 있다. 이 로터를 스테이터 B에 넣으면 제2장 2.2절에서 언급한 '영구자석을 사용하지 않는 스테핑 모터'가 되는 셈인데, 군함에 있어서의 전기의 응용에 관한 영국의 문헌을 참조해서 제작한 것이다. 이 모터를 에가와 카츠미(江川克己) 씨라는 소형 모터 메이커의 전무를 지내신 분에게 보였더니, "겐죠(見城) 씨, 이 모터와 거의 같은 모양의 모터를 옛날 아키하바라의 고물상에서 많이 본 적이 있습니다"라고 말씀하셨다. 여기서 고물상이라고 하는 곳은 폐품을 모아서 재활용하고자 하는 사람에게 파는 상점을 말하는 것으로, 옛날의 아키하바라에 많이 있었던 모양이다. 그래서 이런저런 이야기를 해 보았더니 일본 해군에서 이용했던 모터의 잔해와도 유사한 것으로 보였다. 필시 영국 자료를 보고 일본 해군도 이에 대

스위칭 순서		1	2	3	4	5	6	7	8	9	10	11
수동 스위치	S1	/	/	/	\	\	\	/	/	/	\	\
\상	S2	/	\	\	\	/	/	/	\	\	\	/
/하	S3	\	\	/	/	/	\	\	\	/	/	/
단자전압	U	0	0	0	E	E	E	0	0	0	E	E
	V	0	E	E	E	0	0	0	E	E	E	0
	W	E	E	0	0	0	E	E	E	0	0	0
단자 간의 전위차	U-V	0	-E	-E	0	E	E	0	-E	-E	0	E
	V-W	-E	0	E	E	0	-E	-E	0	E	E	0
	W-U	E	E	0	-E	-E	0	E	E	0	-E	-E

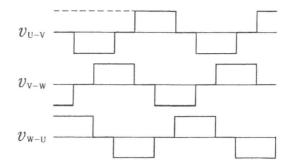

v_{U-V}

v_{V-W}

v_{W-U}

〈그림 3-16〉 수동 스위치에 의한 스위칭 순서, 모터 권선이
단자전압, 단자 간의 전압 변화

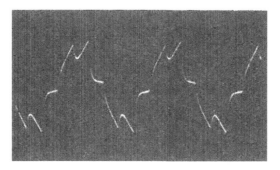

〈그림 3-17〉 6스텝 방식으로 상자형 유도 모터를
돌릴 때의 전류파형

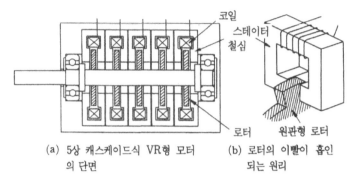

(a) 5상 캐스케이드식 VR형 모터   (b) 로터의 이빨이 흡인
   의 단면   되는 원리

〈그림 3-18〉 캐스케이드형 VR형 스테핑 모터의 예

해 연구했었던 것 같다.

이 스테핑 모터는 가변 릴럭턴스형이라 불리는 것으로 이외에 '영구자석형', '하이브리드형' 및 '클로폴 영구자석형'이 있다. 이들의 차이점과 특징은 다음과 같다.

① 가변 릴럭턴스형

이 모터는 영구자석을 쓰지 않는 대신 자속을 통하기 쉬운 규소강판 등의 연자기강으로 로터와 스테이터의 철심을 만드는 것이 특징으로 기본 형식에 대해서는 이미 설명한 바 있다. 가변 릴럭턴스란 영어로 Variable Reluctance로서 머리글자를 따서 VR형이라고도 한다.

스테핑 모터를 이용한 수치제어가 미국에서 개발된 뒤 한동안 미국과 일본에서 VR형 모터의 진보가 계속되었다. 수치제어기의 액추에이터(구동기)에는 출력이 큰 것이 필요했기 때문에 〈그림 3-18〉과 같은 구조의 캐스케이드(다단, Cascade)형이라 불리고 있는 스테핑 모터가 연구되어 제조된 적이 있었다.

3상의 권선이 스택(Stack: 단 또는 층)에 들어 있는 형식을

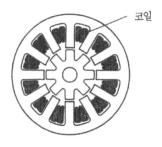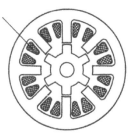

코일

(a) 상의 수 3, 스테이터의 이빨 수　　(b) 상의 수 4, 스테이터의 이빨 수
12, 로터의 이빨 수 8인 경우　　　　8, 로터의 이빨 수 6인 경우

〈그림 3-19〉 스텝각이 15°인 VR형 모터의 단면. 스텝각을 작게
　　　　하려면 스테이터와 로터의 이빨 수를 많게 해야 하므로
　　　　제조가 어려워진다

싱글 스택형 또는 분포형이라고 부르는데, 이 형식에서는 〈그림 3-19〉와 같이 스텝(Step)의 각이 작게 될수록 기계 가공이 어려워지는 한계가 있다. 스텝각을 더욱 작게 하여 1회전당의 스텝 수를 높이는 방법을 발명한 사람은 영국의 토목 기사인 워커(C. L. Walker)다. 그가 고안한 구조는 이 장의 첫머리에 나타낸 그림과 같은 것으로 애써 발명하였지만 실용화되기 시작한 1960년대보다 훨씬 이전인지라 경제적인 관심을 얻는 데는 실패한 셈이다. 요사이에 쓰이는 VR형의 전형적인 구조는 〈그림 3-20〉과 같다.

② 영구자석형

영구자석을 이용하는 스테핑 모터 중에서 가장 단순한 것은 제2장의 〈그림 2-3〉과 같은 구조와 원리로 된 것이다. 이것은 4상 모터로서 1, 2, 3, 4의 순으로 전류를 순차적으로 흘려주면 로터가 90도씩 회전한다.

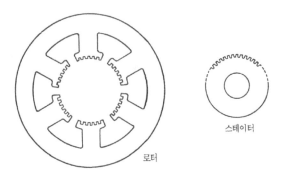

스테이터

로터

〈그림 3-20〉 1회 스위칭에 의한 회전각을 작게 한
VR형 모터의 이빨 구조

영구자석을 이용하는 이점은 소형으로 했을 때 VR형에 비해서 효율이 높다는 것이다. 수정 손목시계에서 세 개의 바늘을 움직이고 있는 모터는 매우 작은 스테핑 모터로서 로터의 직경이 1㎜ 정도밖에 되지 않으며, 작은 전지로 2 내지 3년 동안이나 움직일 정도로 효율이 매우 좋다. 시계의 모터는 스텝각이 180도이고 1초마다 반회전하며 그 사이에 전류가 흐르는 시간은 100분의 1초 이하인 특별한 스테핑 모터이다(그림 3-21).

③ 하이브리드형

영구자석의 이점인 높은 효율과 VR형의 작은 스텝각을 함께 갖도록 고안된 것이 하이브리드형 스테핑 모터이다. 〈그림 3-22〉의 윗부분은 전체의 구조이며, 아랫부분은 로터의 구조를 특징적으로 나타낸 것이다. 내부에는 축 방향으로 자기를 띠게 된 원통형 영구자석이 있고, 이 주위를 요철 형상을 가진 규소강판이 적층되어 둘러싸고 있다.

최근 OA용(하드디스크 장치의 헤드 구동용) 편평형 모터는 길이라고 하기보다는 두께라는 것이 적합한 1㎜ 정도 크기의

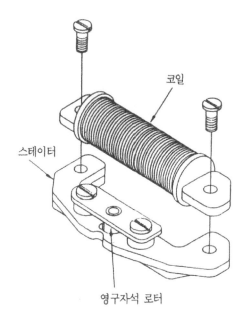

스테이터

코일

영구자석 로터

〈그림 3-21〉 수정 손목시계용 스테핑 모터

영구자석이 사용되고 있다. 하이브리드형에는 회전형 외에 리
니어형과 플레이너(Planar)형이 있는데, 작동의 원리를 설명하
기에는 〈그림 3-23〉에 간단히 나타낸 리니어형이 더 쉽다. 아
크형 영구자석의 양 끝에는 2개의 이빨(Tooth)을 갖는 전자석
이 붙어 있으며 A와 B로 표시된 이들 각각에는 코일이 감겨
있다. 〈그림 3-23〉의 ⓐ 상태에서 플러스의 전류가 흐르면 이
때 1번 이빨에서는 영구자석의 자속과 전자석의 자속이 합쳐져
강해지지만, 2번 이빨에서는 자계의 방향이 서로 반대가 되어
상쇄되기 때문에 자속이 없게 된다. 따라서 A의 1번 이빨은 스
테이터에 있는 근처의 이빨과 정렬되어 위치가 확정된다. 이때
B에서는 전자석의 자속은 없으며 영구자석의 자속은 좌우의 이

규소강판　　로터　　영구자석

〈그림 3-22〉하이브리드형 스테핑 모터

빨에 같은 양으로 나뉘어 통과하게 된다. 이 때문에 4번 이빨
에 작용하는 우측 힘과 3번 이빨에 작용하는 좌측 힘이 서로
상쇄되어 전체적으로 움직이는 힘이 발생하지 않는다. 다음으
로는 A에 전류를 끊고 동시에 플러스의 전류를 흘리면, 4번 이
빨에서 자속이 강해지면서 슬라이더가 오른쪽으로 4분의 1피치
이동해서 정렬한다. 이어서 B의 전류를 끊고 A에 마이너스의
전류를 흘리면 2번 이빨이 정렬하기 위해 슬라이더는 또다시 4
분의 1피치만큼 오른쪽으로 이동한다. 또다시 A에 전류를 끊고
동시에 B에 마이너스의 전류를 흘리면 3번 이빨에서 자속이
강해지면서 오른쪽으로 4분의 1피치만큼 이동해서 정렬한다.
　　이상의 동작을 계속 반복하면 슬라이더는 오른쪽으로 4분의

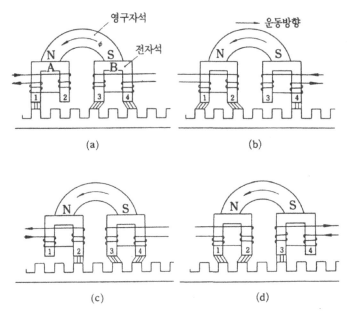

〈그림 3-23〉 하이브리드형 스테핑 모터에서 직선운동을 하는 형식

1피치 스텝만큼 계속 이동한다. 또한 전류의 스위칭 순서를 반대로 하면 왼쪽으로 움직이게 된다. 하이브리드형의 원리에 있어서 중요한 점은 영구자석 '자속과 전자석의 자속이 상호 보강과 상호 상쇄하는 작용을 이용한다는 것이다. 그렇지만 구체적인 구조에 있어서는 여러 가지의 것이 고안되어 있다.

④ 클로폴 PM형

이 모터는 하이브리드형의 일종으로 구조와 제조 방법이 간단한 형식이다. 〈그림 3-24〉에 나타낸 바와 같이 링 모양으로 감은 1개의 코일과 판금세공으로 만들어진 이빨[이것을 유도자 혹은 클로폴(Claw Pole)이라 부른다]에 의하여 하나의 상이 형성되는데, 이것 2개(A상과 B상)가 서로 조합된 2상 모터로

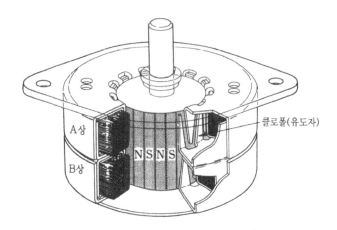

<그림 3-24> 클로폴(Claw Pole) PM형 스테핑 모터의 내부

되어 있다.

스테핑 모터의 발전 역사에 있어서 클로폴형은 별로 주목을 받지 않았고 오히려 교류 모터와 브러시리스 DC 모터 등의 속도제어를 위해 속도를 검출하는 센서용 발전기로서 발전해 왔다. 그러던 것이 판금세공 기술이 향상되어 스테핑 모터로서의 위치 결정 정도가 향상됨에 따라 1970년대 후반부터는 이쪽으로의 이용이 급속히 확대되고 있다.

3.5 직류모터

공학의 관점에서 보면 직류 모터는 제어용 모터의 기본이 되는 동시에 이론적인 작동원리를 설명함에 있어서도 항상 중심이 되는 모터이다. 직류 모터를 설계하는 데 있어서는 두 가지 사항을 염두에 두어야 한다. 그중 하나는 브러시와 정류자의

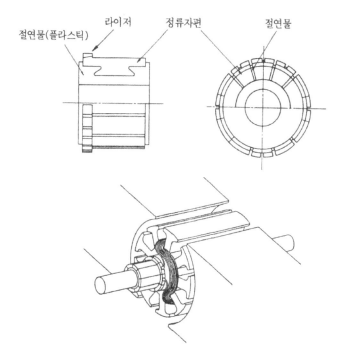

라이저 정류자편 절연물 절연물(플라스틱)

〈그림 3-25〉 정류자의 구조(위)와 코일과의 연결(아래)

관계이며, 다른 영구자석과 전자석을 이용하여 여러 가지 방법
으로 자계를 형성할 수 있다는 점이다. 여기서 자계란 회전력
을 발생시키는 데 필요한 자속을 말하는데, 자계를 발생시켜
자속의 통로를 구성하는 요소 전체를 자계 시스템이라 부르며,
대부분의 직류 모터에서는 스테이터가 이에 해당된다. 전기가
흐르는 권선 부위를 구성하는 부분을 전기자 혹은 아마추어라
고 부르며, 이때의 권선은 자계와 작용하여 회전력을 발생시킨
다. 대부분의 직류 모터에서는 로터가 아마추어이다(이때 아마
추어는 초보자라는 의미의 Amateur가 아니고 Armature이므

로 주의하기 바란다).

① 브러시와 정류자의 관계

직류 모터의 로터는 기본적으로 〈그림 3-3〉의 로터들 중 8 번째인 정류자형 로터로 대표되는데, 이것이 다른 로터들과 다른 점은 정류자라는 것을 갖추고 있다는 것이다. 정류자는 〈그림 3-25〉와 같이 구리로 만들어져 있는 정류자편(Segment)을 운모(마이카)나 플라스틱에 의해 절연이 된 상태로 고정시킨 것이다. 여기서 정류자편의 수는 기본적으로 슬롯(slot, 골)의 수와 같아야 하며, 값이 싼 완구용 모터에서와 같이 최소 3개까지 할 수 있다. 슬롯의 수가 짝수인 경우에는 로터의 구조가 축에 대해서 대칭이 되고, 따라서 자속을 발생하는 영구자석과 2차적인 작용을 하여 불균일한 회전이 발생하기 쉽다. 반면 홀수인 경우에는 불균일한 회전이 줄어들어 매끄러운 회전이 특히 요구되는 용도에 많이 이용된다. 그렇지만 자동권선기로 코일을 감는 경우에는 짝수일 때가 더 좋기 때문에 성능이 일부 희생되더라도 12와 같은 짝수의 슬롯을 자주 사용한다. 여기서 설명한 모터는 가장 많이 제조되고 있는 형식으로서 철심(코어)의 슬롯에 코일을 감는 데 반해 앞 장의 〈그림 2-8〉, 〈그림 2-9〉의 로터와 같이 원통형의 철심 주변에 코일을 감는 방식(슬롯리스)도 있다.

〈그림 3-25〉에는 정류자의 편수가 9인 경우에 대하여 하나의 정류자편에 코일이 감겨서 연결되어 있는 모양을 보이고 있으며, 이때 코일이 연결되는 부분을 라이저(Riser)라 부른다. 〈그림 3-26〉에는 9개의 코일과 정류자, 그리고 브러시와의 관계가 그려져 있다. 잘 살펴보면 9개의 코일이 환상으로 연결되

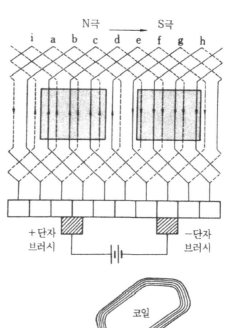

(a) 전개도

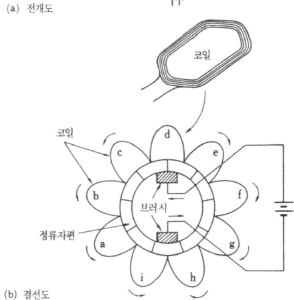

(b) 결선도

〈그림 3-26〉 직류 모터의 코일, 정류자, 브러시의 배치

어 있는데 이것은 3상 교류 모터의 델타 결선을 발전시킨 것으로 환상결선이라 불린다. 정류자편을 9개 갖는 직류 모터는 교류 모터로 말하면 9상 모터로 9상 결선을 갖추고 있는 셈이 되며, 3개인 완구용 모터는 3상 교류 모터에 해당된다.

〈그림 3-26〉에 보면, (+)인 브러시에서 유입된 전류는 두 경로로 나뉘어 흐른 후 (-)인 브러시에 모여져 전지의 (-)단자로 되돌아가는 것을 알 수 있다. 따라서 모터가 회전함에 따라 코일도 회전하지만 전류가 흐르는 통로는 거의 변화하지 않게 된다. 이와 같은 양상을 다른 각도에서 본 것이 앞 장의 〈그림 2-9〉로 로터의 위치에 관계없이 분할선 AB의 왼쪽 코일에는 ⊗방향의 전류가, 오른쪽에서는 ⊙방향의 전류가 흐른다.

정류자와 브러시의 관계를 새로운 각도에서 한 번 더 나타낸 것이 〈그림 3-27〉로, 브러시라는 것의 의미를 분명히 하기 위해 2개의 스위치가 한 개의 브러시 기능을 대신하는 것을 보이고 있다. 영국 군함에서 스테핑 모터를 사용했을 때 트랜지스터 회로 대신에 로터리 스위치를 썼다는 이야기를 기억한다면, 직류 모터에 있어서 정류자와 브러시는 자동적인 로터리 스위치의 역할을 한다는 사실을 이해할 수 있을 것이다. 다시 말해서 전자력에 의하여 로터가 회전하면 이와 함께 회전하는 스위치가 전류의 방향을 자동적으로 교환시키기 때문에, 각 코일에 작용하는 전자력이 항상 유효한 회전력을 형성하도록 하는 구조로 되어 있는 것이다.

② 전자석 모터

옛날의 직류 모터에서는 전자석이 자계를 만드는 데 이용되었으며, 지금도 대형 직류 모터에서는 자계 권선이란 코일이

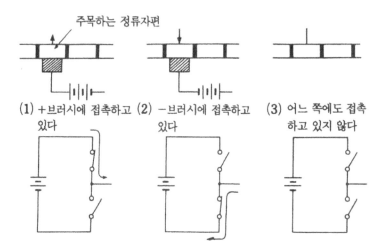

<그림 3-27> 브러시와 정류자를 2개의 스위치로 나타낸다

감긴 전자석을 쓰고 있다. 이 같은 고전적인 모터를 <그림 3-2>에 있는 스테이터 B를 다시 이용하여 설명하고자 한다.

이 스테이터의 6개 이빨 중 서로 마주 보는 2개의 이빨에 감겨 있는 코일을 자계 권선으로 하여 자극을 형성하는 경우, 자계 권선 전기자(로터)를 3가지 방법으로 DC 전원에 연결할 수 있게 된다. 이들 방법을 등가회로로 나타낸 것이 <그림 3-28>의 (a), (b), (c)이다. (a)의 방식은 스테이터(자계 시스템)와 로터(아마추어)를 병렬로 결선하여 하나의 직류 전원에 연결하는 방식으로, '분권' 혹은 션트(Shunt) 방식이라 한다. 분권 모터의 특징은 일정한 전압으로 작동했을 때 회전속도가 거의 일정하게 된다는 점이다. (b)의 직권 방식은 자계 시스템과 로터를 직렬로 하는 방식으로, 전기기관차나 신칸센 등의 전차에 이용되고 있는 것이다. 직권 모터의 특징은 움직이기 시작할

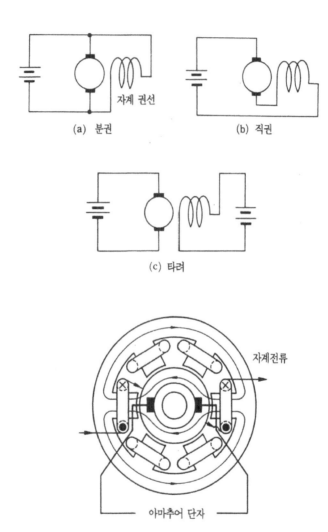

〈그림 3-28〉 메카트로라보의 스테이터 B를 이용한 직류 모터
의 운전법 실험

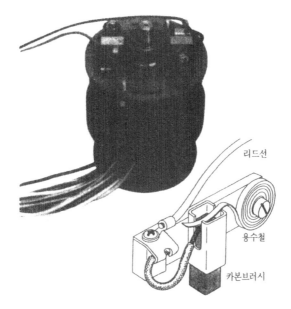

〈그림 3-29〉 메카트로라보의 스테이터 B, 정류자
로터, 브러시 지지대를 조합한 직류 모터

때의 회전력이 대단히 크고, 속도가 상승함에 따라 회전력이
내려가면서 고속으로 운전할 수 있다는 점이다. (c)의 방식은
자계 시스템과 로터를 별개의 전원에 접속하는 방식으로, 타려
(他勵) 방식이라고도 불린다. 이 방식에서는 자계 시스템과 로
터를 별개로 제어할 수 있기 때문에 속도와 회전력의 제어가
용이하게 된다. 〈그림 3-29〉는 스테이터 B에 정류자형 로터를
넣고, 여기에 브러시를 붙여서 구성한 직류 모터이다.

③ 영구자석 모터

소형 직류 모터에서는 자계 시스템으로 영구자석을 이용하는
경우가 많은데, 이것의 형상과 배치된 상태를 단면도로 나타낸

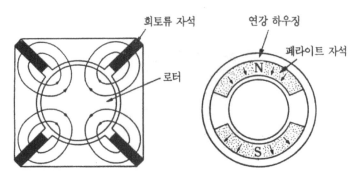

<그림 3-30> 직류 모터 단면의 예

것이 〈그림 3-30〉이다. 전자석에 비해서 작게 만들 수 있는 동시에 자계를 만들기 위한 전류가 필요 없기 때문에 효율이 높다. 영구자석형 모터의 특성을 나타내는 회전력과 회전속도의 관계는 제2장 2.5절에 있는 〈그림 2-13〉과 같이 되며, 자계 시스템에 별도의 전류를 공급하는 앞의 (c) 방식의 특성과 유사하다. 다시 말해서 속도가 상승함에 따라 직선적으로 회전력은 감소하며, 이의 경사는 전압과 관계없이 일정하게 된다. 또한 전압을 낮게 하면 여기에 비례하여 초기 회전력도 감소하게 된다.

모터가 단독으로 회전하는 속도를 무부하속도(공회전)라고 하는데, 이 속도는 전압을 높이면 이에 비례하여 상승한다. 예를 들면, 5V에서의 무부하속도가 매분 1,000회전이고 0.1N·m의 부하에서는 800회전하는 모터가 있다고 하면, 이 모터의 10V에서의 무부하속도는 2,000회전이 되고 먼젓번과 같이 0.1N·m의 부하에서는 속도가 200회전 감소하여 1,800회전이 될 것이다.

모터에 이용되는 영구자석으로는 값이 싼 페라이트 자석이 많이 사용된다. 그렇지만 크기는 조금 크더라도 동작이 빠른 모터를 원할 때에는 알니코 자석을 사용한다. 알니코는 철, 알루미늄, 니켈, 코발트로 된 합금으로 철을 제외한 금속의 첫 자로 이름을 붙인 영구자석의 일종이다. 또한 작으면서도 강력한 모터를 원할 때는 고가인 희토류 자석을 사용한다. 직류 모터에는 로터의 구조와 영구자석의 사용 방법에 따라 여러 가지 종류가 있는데, 이에 대해서는 제7장에서 다루었다.

3.6 유니버설 모터

유니버설이란 '무엇이든지'의 의미로 모터에서는 직류와 교류에서 다 사용할 수 있다는 것을 뜻한다. 그러나 실제로는 50Hz와 60Hz의 교류에서 작동하도록 설계되며, 직권 방식의 전자석형 직류 모터에 교류전류를 흘리는 방식이라고 생각해도 무방하다. 유니버설 모터는 교류정류자 모터, 교류 시리즈 (Series) 모터라고도 불리는데, 소형으로도 비교적 힘이 강하며 무부하속도가 높은 특징이 있어 예전부터 전기톱, 전기대패, 가정용 전기청소기 등에 사용되어 왔다. 그러나 소음이 크다는 것과 브러시가 마모된다는 것이 이 모터의 결점이다.

직류 모터에 비해서 유니버설 모터가 구조적으로 다른 점은 스테이터(자계 시스템) 괴상의 철심이 아닌 절연이 된 강판을 적층하여 쓴다는 점이다(강판의 절연은 표면에 산화피막이나 절연피막을 입혀서 만든다). 주물과 같은 괴상의 철심 스테이터를 갖는 직권 모터에 교류를 흘리면 스테이터가 과열되기 때문에 위험하다.

〈그림 3-31〉 유니버설 모터. 상부에 있는 브러시의 위치를 바꾸어 속도를
조정하는 손잡이가 있다

〈그림 3-31〉의 사진은 꽤 오래된 유니버설 모터로서 브러시의 위치를 조정해서 회전수를 어느 정도 범위 안에서는 조정할 수 있도록 되어 있다. 사진에는 이를 위한 위치조정용 손잡이가 보인다. 그러나 최근에는 이와 같이 속도 조정을 하는 모터는 거의 없어졌다.

3.7 브러시리스 DC 모터

모터에는 여러 가지의 종류가 있지만 그중에서도 DC 모터(직류 모터)는 소형으로도 강한 힘을 낼 수 있으며, 또한 전자회로를 이용하여 속도와 위치를 쉽게 제어할 수 있다는 우수한 성질을 갖추고 있다. 그런데 한 가지 결점은 브러시와 정류자가 접촉하면서 회전하므로 마모와 함께 불꽃이 발생한다는 것이다. 이 때문에 장시간 작동시키는 것이 불가능하며, 주기적으로 브러시를 교환하거나 정류자면을 평탄하게 해야 한다. 이와 같은 단점을 해소한 것이 브러시가 없는 DC 모터이다. 이것을 '브러시리스 DC 모터' 또는 '브러시리스 모터'라 한다.

① 기계 스위치로부터 트랜지스터로

우선 어떤 원리에 의해서 브러시와 정류자를 트랜지스터로 바꾸어 놓는지를 〈그림 3-27〉과 〈그림 3-32〉에서 살펴보자. 〈그림 3-27〉에서는 이미 1개의 정류자편이 2개의 스위치에 상당한다는 것이 나타나 있는데, 각각의 스위치를 트랜지스터로 바꾸어 놓아야 하기 때문에 2개의 트랜지스터가 필요하게 된다. 그러나 〈그림 3-32〉에 그려져 있는 바와 같이 브러시와 정류자 사이에 발생하는 불꽃을 제거하기 위해 (d)에 그려져 있는 바와 같이 다이오드가 필요하며 따라서 (e)와 같이 한 개의 정류자편은 2개의 트랜지스터와 2개의 다이오드로 바꿔 놓아야 한다. 실제로는 이것들뿐만 아니고 스위칭 신호의 처리와 증폭을 위한 트랜지스터와 논리소자가 필요하기 때문에 예를 들어, 정류자편이 9개인 직류 모터를 브러시리스화하는 데 드는 전자 회로의 비용이 매우 비싸지게 된다. 그래서 브러시리스 DC 모터는 〈그림 3-32〉의 (e)와 같은 회로를 3개만 이용하는 형식이 많다.

② 광트랜지스터의 이용

브러시리스 DC 모터의 구조는 교류의 동기 모터와 매우 유사하다. 그 때문에 영구자석형 동기 모터를 개량해서 DC 모터

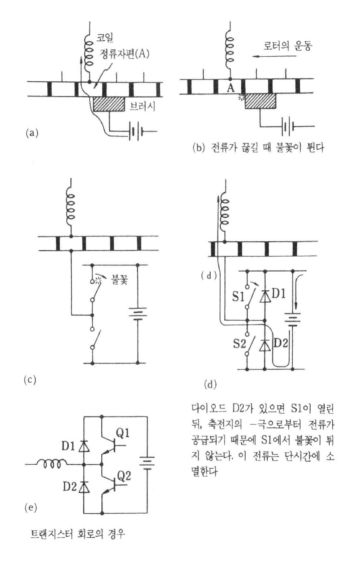

(a)

(b) 전류가 끊길 때 불꽃이 튄다

(c)

(d)

다이오드 D2가 있으면 S1이 열린 뒤, 축전지의 −극으로부터 전류가 공급되기 때문에 S1에서 불꽃이 튀지 않는다. 이 전류는 단시간에 소멸한다

(e)

트랜지스터 회로의 경우

〈그림 3-32〉 브러시와 정류자의 관계를 트랜지스터 회로로
바꾸어 놓는다

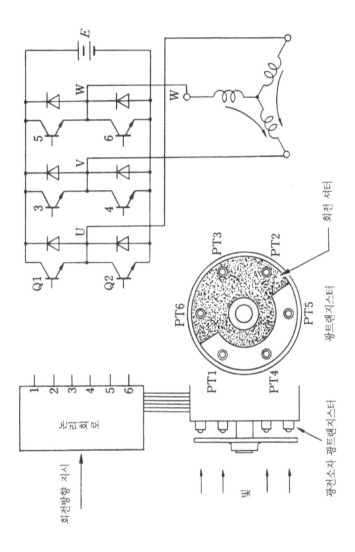

〈그림 3-33〉 광트랜지스터를 이용한 브러시리스 DC 모터의 구성

의 성질을 갖도록 한 모터라고도 할 수 있다. 〈그림 3-15〉를 보면 모터의 코일에 흐르는 전류의 방향을 제어함으로써 모터의 내부 사계를 회전시키고 있는데, 이 자계 속에 영구자석 로터를 두면 회전자계에 끌려서 돌게 된다. 그러나 이와 같은 운전법에서는 경우에 따라서 다음의 문제가 발생한다.

> (가) 스위칭의 속도가 지나치게 빠르면 정지해 있으려고 하는 로터의 관성 때문에 기동하지 않는다.
>
> (나) 로터의 속도는 스위칭 주파수에 의하여 결정되기 때문에 언뜻 속도제어가 용이한 것으로 생각될 수 있지만, 실제로는 헌팅이라는 복잡한 속도의 불균일이 발생하기 쉽다.

첫 번째 문제는 로터의 현재 위치를 관측하여 스위칭의 타이밍을 자동적으로 정해줌으로써 해결할 수 있는데 이렇게 하면 로터를 항상 기동시킬 수 있다. 두 번째 문제도 적당한 제어회로를 덧붙임으로써 해결할 수 있지만, 이에 대해서는 뒤에 설명하겠다.

자동적인 스위칭 타이밍의 발생 방법으로서, 우선 광을 이용해 보자. 〈그림 3-33〉은 모터 한쪽 측면에 6개의 광트랜지스터를 배치하고 샤프트에 반원형의 셔터(Shutter)를 붙인 모양을 나타낸 것이다. 이때 램프로부터 나온 빛이 이 셔터와 광트랜지스터에 닿도록 해야 한다. 광트랜지스터가 빛을 받으면 이와 같은 번호의 트랜지스터가 ON 상태가 되어 모터 구동회로에 전류가 흐르게 되고 반대로 셔터에 의해 빛이 차단되면 해당 번호의 트랜지스터가 OFF 상태가 되어 전류가 끊어지게 된다. 즉, 〈그림 3-33〉의 상태에서는 1, 4, 5번의 트랜지스터가 ON, 나머지는 OFF 상태이다. 이때 스테이터가 만드는 자계의

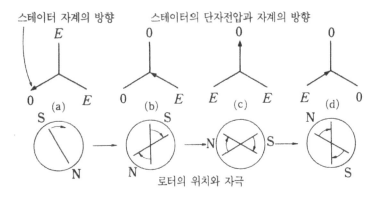

스테이터 자계의 방향   스테이터의 단자전압과 자계의 방향

〈그림 3-34〉 로터의 회전에 따른 자계의 회전

분포와 로터 자극의 위치 관계는 〈그림 3-34〉의 (a)와 같은 상태가 되며 로터는 시계방향으로 회전력을 받는다. 이 위치에서 약 30도 회전하면 트랜지스터 5와 6의 ON, OFF 관계가 바뀌게 된다. 그러면 스테이터의 자계가 60도 회전해서 (b)의 상태가 되며 로터를 또다시 시계방향으로 회전시키려고 한다. 이 상태에서 로터가 또다시 60도 회전하면 트랜지스터 3과 4의 상태가 바뀌게 되고 자계의 분포도 또다시 60도만큼 시계방향으로 회전해서 (c)의 상태가 되므로 로터를 시계방향으로 잡아당겨 (d)의 위치로 진행한다. 결국 로터는 어떤 위치에 있어도 항상 시계방향으로 회전력을 받을 것이다. 이와 같이 브러시와 정류자를 반도체 소자의 회로로 바꾸어서 모터를 작동하면, 회전력과 속도의 관계는 DC 모터와 매우 유사해진다. 단, 실제에 있어서는 셔터가 중심에 대해 비대칭이기 때문에 회전을 하면 진동의 원인이 되므로 주의해야 한다.

　〈그림 3-34〉에서는 로터의 자극이 2극인 경우를 나타냈지만

대부분의 모터는 4극 또는 그 이상의 극수를 갖고 있다. 이 같은 경우 셔터는 필연적으로 중심에 관해서 대칭인 구조를 하고 있는데, 이때 브러시리스 DC 모터를 반대로 회전시킬 수 있는 방법은 없는 것일까? 우선 생각할 수 있는 것이 직류전원의 극성을 반대로 하는 방법인데, 트랜지스터와 같은 반도체는 한 방향의 스위치를 이용하고 있으므로 이 방법은 적합하지 않다. 또 다른 방법으로는 셔터를 180도 회전시켜 빛을 받는 광트랜지스터와 그렇지 않은 광트랜지스터의 관계를 역전시키는 방법이 있을 수 있으나, 그러나 이것도 실제로 하기가 극히 어렵다. 최근에는 마이크로프로세서를 이용하여 모터의 회전을 반대방향으로 할 수 있도록 했는데, 이는 셔터를 180도 회전시키는 효과를 내는 디지털 회로를 사용하였기 때문이다.

③ 홀(Hole) 소자의 이용

〈그림 3-35〉에서는 작은 반도체에 전류 I가 화살표(→) 방향으로 흐르고 있는 것을 나타내고 있는데, 이 반도체를 전자가 전류를 나르는 N형으로 가정하자. 지금 면에서 직각으로 자속(B)이 투과하게 되면, 반도체에는 전류(I)와 자속(B)의 양쪽에 대해서 직각방향으로 전압이 발생한다. 이는 플레밍의 왼손법칙에 따라 전자에 힘이 가해져 반도체의 측면으로 전자가 이동하기 때문이다. 자계의 방향이 반대인 경우에는 발생하는 전압의 방향도 반대가 된다. 이 같은 현상은 홀 효과라 불리는 것으로, 1878년에 홀(E. H. Hall)이라는 미국 사람이 금속편을 이용한 실험을 통해 발견하였다. 홀 효과는 금속보다도 반도체에서 강하게 나타난다. 또한, F형 반도체를 이용하면 전류를 운반하는 입자가 정공이기 때문에 전압의 극성이 반대가 된다.

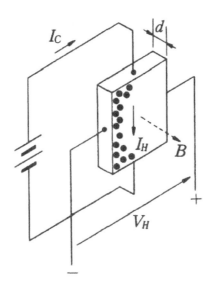

〈그림 3-35〉 홀(Hole) 소자의 원리. 반도체나 금속 중의 전자는 전류를
나르기 위해 운동할 때, 자계가 있으면 한쪽으로 휜다

여기서 정공이란 반도체의 결정구조에 있어서 전자가 모자라
는 빈 구멍을 가리키는 것으로, 일종의 가상적인 입자를 말하
며 전자가 마이너스의 전하를 갖고 있는 데 대하여 정공은 플
러스의 전하를 갖고 있는 것으로 간주된다.

다음에는 홀 소자를 써서 로터의 위치를 검출하는 방법에 대
해서 설명하겠다. 〈그림 3-36〉의 ⒜와 같이 간단한 구조의 모
터에 한 개의 홀 소자를 로터의 측면에 접근시켜 둔다. 〈그림
3-36〉의 ⒝는 권선과 홀 소자 사이를 연결한 상태를 간단하게
나타낸 것이고, 〈그림 3-37〉은 회전의 원리를 설명하는 것이
다. ⒜의 위치에서는 홀 소자가 로터의 N극을 검출하여 그 결
과 트랜지스터(Q2)가 ON 상태가 되어 권선(W2)에 전류를 흘

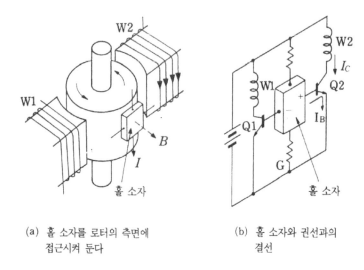

(a) 홀 소자를 로터의 측면에
접근시켜 둔다

(b) 홀 소자와 권선과의
결선

〈그림 3-36〉 홀 소자 1개를 이용한 가장 단순한 브러시리스 DC 모터

리게 되는데, 이에 따라 스테이터에 S극이 생겨 로터를 회전시
킨다. (b)의 상태에서는 홀 소자가 자계의 영향을 받지 않으므
로 트랜지스터 Q1, Q2가 OFF 상태가 되어 W1, W2에 전류
가 흐르지 않는다. 그러나 로터는 관성의 법칙에 의해서 계속
돌게 된다. (c)의 위치가 되면 홀 소자는 로터의 S극을 감지하
여 Q1이 ON 상태가 되고, 그 결과로 W1에 전류가 흐르면서
이쪽에 S극이 형성되어 로터의 N극을 잡아당긴다.

이상의 동작을 반복함으로써 로터는 계속 회전하게 된다. 이
와 같은 간단한 브러시리스 DC 모터에 결점이 있다고 한다면
그것은 (b) 상태에 있을 때에 움직임이 정지할 가능성이 있다는
것이다. 그래서 대부분의 경우에는 2개 내지 3개의 홀 소자를
배치해서 로터가 어떤 곳에 있더라도 회전력이 발생하도록 하
고 있다. 〈그림 3-38〉의 사진은 홀 소자를 위하여 특별한 자

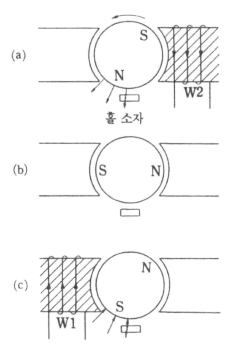

<그림 3-37> <그림 3-36>의 경우에 있어서 로터의 위치와 권선 전류와의 관계

석을 갖춘 브러시리스 DC 모터이다. 여기에는 홀 소자가 60도 간격으로 배치되어 있는 것을 알 수 있다.

④ 직류 모터와 브러시리스 모터의 관계

브러시리스 DC 모터는, 구조 면에 있어서는 교류 모터의 일종인 영구자석형 동기 모터와 매우 유사하다. 그러나 여기에 로터의 위치를 검출하는 장치를 붙이고, 그 신호를 피드백하면서 전자회로로 작동을 시키면, 직류 모터와 같이 움직인다는 사실을 앞에서 설명했다. 직류 모터에 있어서 가장 중요한 성질은 제2장 2.6절에서 설명한 것처럼, 회전력이 전류에 비례한

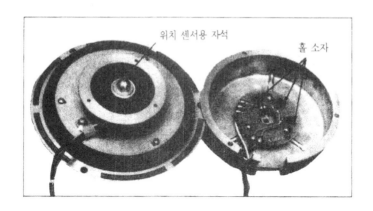

〈그림 3-38〉 4극 구조인 브러시리스 DC 모터의 내부. 홀 소자를
작동시키는 자석을 로터와는 다른 것을 쓰고 있다

다는 것이다. 예를 들어 1A의 전류에서 1N·m의 회전력이 나
오면, 2A에서는 2N·m의 토크가 발생한다. 또한, 회전력과 회
전속도의 관계를 그래프로 그리면 〈그림 2-13〉과 같이 직선이
되고, 기울기는 전압에 관계없이 일정한 값을 갖게 된다. 브러
시리스 DC 모터도 이상과 같은 직류 모터의 기본적인 성질은
갖고 있다.

브러시리스 DC 모터와 직류 모터 사이에는 위와 같이 유사
한 점이 있는 반면 아래와 같이 구조적으로 상이한 점도 있다.

-**직류 모터**: 로터가 전기자이며 자계 시스템은 스테이터의 일
부를 이루는 전자석이나 영구자석이다.

-**브러시리스 DC 모터**: 스테이터가 전기자이며 로터의 영구자
석이 자계를 형성한다.

이와 같은 차이가 생긴 이유는 양자 간에 전류를 바꾸는 수
단에 있어서 근본적인 차이가 있기 때문이다. 브러시리스 DC

모터에서 스테이터의 권선은 기본적으로 3상의 델타 또는 스타 결선이 되어 있으며, 이 권선으로 전류를 바꾸는 방법을 3.3절의 〈그림 3-15〉를 이용하여 설명했다. 한편, 직류 모터의 로터(전기자)에 있어서, 브러시와 정류자에 의한 전류 변환 방식을 억지로 트랜지스터 회로로 하려고 하면, 〈그림 3-32〉에 나타나 있는 바와 같이 다수의 트랜지스터를 필요로 하게 된다. 다시 말해서 구리로 된 정류자와 카본(흑연)을 주성분으로 하는 브러시가 비싸고 복잡한 전자회로를 대체한 것이라고 할 수 있으며, 이 같은 의미에서 브러시와 정류자는 값이 싼 반도체소자라고 말할 수 있을 것이다. 브러시리스 DC 모터의 상의 수가 5상 또는 7상으로 가격이 너무 비싸지기 때문에 대부분의 브러시리스 DC 모터는 3상으로 되어 있다.

이상에서 살펴본 것처럼, 모터의 테크놀로지는 기본 구조(기계부분, 권선), 재료, 일렉트로닉스 및 센서의 총합기술로서 이들 각각의 부분은 하루가 다르게 진보하고 있다. 이 장에서는 이들 중에서 전류의 변환이라고 하는 문제가 모터의 기능을 만들어 내는 요소로서 대단히 중요하다고 하는 것을 지적하려고 하였다. 제5장에서는 파워 일렉트로닉스와의 관계로부터 이를 한 번 더 검토하게 될 것이다.

가장 큰 모터

제철소 압연기의 원동기 따위가 큰 모터의 대표적인 것으로, 2만 kW 정도가 최대이다. 그러나 가장 큰 모터라 하면 수력발전기 그 자체일 것이다. 수력발전기 중에는 전력 수요가 많을 때에는 발전기로서 작용하고, 수요가 없을 때에는 동기모터로 작용하여 댐으로 물을 끌어올려 재차 발전하는 것이 있다. 모터를 움직일 때의 전력은 먼 곳의 화력발전기로부터 공급된다. 이와 같은 발전설비를 양수발전기라 하며 용량은 20~30만 kW 정도이다. 모터로 움직일 때의 전력은 화력발전소로부터 공급된다.

제4장
모터를 제어한다

포토인코더의 슬릿

앞 장에서는 모터 공학의 견지에서 여러 분류의 기초가 된다고 생각되는 것에 대하여 설명하였다. 모터를 이용하는 입장에 서게 되면 어떤 속도로 돌며, 또 과연 돌게 될까 하는 것이 중요하게 된다. 그리고 최종적인 회전각의 위치제어에 대해서도 염두에 두어야 한다.

4.1 속도제어의 기술

가정에서 쓰고 있는 선풍기나, 공장의 기계 등 대개의 기계는 모터를 원동기(原動機)로 하여 운전되고 있다. 오히려 모터 이외의 원동기를 이용하는 기계의 수가 적다. 예를 들면 가솔린 엔진을 이용하는 자동차, 디젤 엔진의 농업기계, 제트 엔진으로 비행하는 항공기가 전형적인 것이다. 기계에 이용되는 모터는 설계 단계에서부터 그 사용 환경이 고려되어야 하고 모터가 어떤 속도로 회전하는가, 어떻게 속도제어를 할까 등이 검토되어야 한다. 따라서 사용자는 그 기계를 사용할 때에 전원이 200V에서 주파수가 60Hz라는 것을 일일이 확인하지 않고도 안심하고 사용할 수가 있다. 그런데 그 기계를 설계 조건과는 다른 전원 환경에서 사용하려고 하면 대개의 경우 잘되지 않는다. 예를 들면, 일본 국내용의 가전제품은 전원이 100V인 것을 전제로 설계되어 있기 때문에 200V라든지 240V의 전원을 이용하는 외국에서는 그대로 사용하기 힘들고 사용하게 되면 퓨즈가 끊어지며 기계에 손상을 입히게 된다.

때로는 주파수도 주의해야 한다. 범용의 가장 표준적인 교류 모터(4극)를 관동지방(50Hz 지역)에서 사용하면 1분에 1,500회전보다는 약간 느린 속도로 회전한다. 이것을 관서지방(60Hz 지

역)에서 사용하면 1,800회전보다 조금 느리다. 내가 대학생이
었던 시절에 테이프 리코더가 차츰 보급되기 시작하였는데, 여
름방학 때에는 어학공부를 위해서 10㎏이나 되는 테이프 리코
더를 대학이 있는 센다이(仙台)와 고향인 시즈오카(靜岡)를 오갈
때 가지고 다녀야 했다. 그런데 그 당시의 테이프 리코더는 교
류 모터를 사용하였기 때문에 50Hz를 사용하는 센다이에서는
모터가 천천히 돌고, 60Hz를 사용하는 시즈오카에서는 빨리
회전하였다. 결국 테이프의 주행 속도를 같게 하기 위하여 직
경이 다른 롤러(Tape Roller)를 바꾸어 가며 사용하였던 것이
다. 이것은 오래전 이야기로 현재의 테이프 리코더는 교류 모
터를 사용하지 않기 때문에 주파수에 관계없이 일정한 속도로
회전하게 되어 있다. 동남아시아 어떤 나라의 공업학교 선생으
로부터 다음과 같은 상담을 받았다. 선진국으로부터 경제원조
명목으로 받은 프랑스제의 기계 한 대가 그 학교에 설치되어
있는데, 그 기계는 프랑스의 전원주파수인 50Hz로 설계되어
있다고 한다. 즉, 모터가 1,500회전보다 약간 늦게 회전하고
더욱이 기어의 이빨 수나 풀리의 외경이 정해져 있는 것이었
다. 반면에, 아시아 지역에 속하는 그 나라의 주파수는 60Hz
로서 모터의 회전수가 20% 정도 빨리 회전하기 때문에 기계의
회전수가 너무 빨라 위험해서 사용할 수가 없었다. 의뢰받은
상담은 모터의 속도를 낮추기 위한 간단한 방법을 알려 달라는
것이었다. 완성품으로 만들어지는 기계에는, 앞에서 말한 테이
프 리코더의 경우와 같이 서로 다른 주파수에서도 일정하게 작
동하는 교환용 풀리나 기어가 만들어져 있지 않은 것이 보통이
다. 따라서 임기응변적으로 이를 만들어 낼 수 있는 기술(지원

128

〈표 4-1〉 극수, 주파수, 속도의 관계

극수	60Hz	50Hz
2극	분속 3,600	3,000
4극	1,800	1,500
8극	900	750

공업)이 발달되어 있지 않은 지역에서 이것은 해결하기 곤란한
문제이다. 현재는 인버터(Inverter)라고 하는 것이 보급되어 있
기 때문에, 비교적 용이하게 속도를 조정할 수 있게 되었다. 이
와 같은 사례가 시사하는 것은 속도제어라고 하는 것이 의외로
어려운 기술이며, 시대와 함께 기술이 진보해 왔다는 것이다.

4.2 옛날의 속도변환 방법은?

모터를 구동시키기 위한 전원으로는 교류(AC)와 직류(DC)가
있다. 교류에는 주로 공장 동력용의 3상과 가정에 배선되어 있
는 단상이 있다. 직류는 건전지나 태양전지 또는 자동차의 축
전지를 전원으로 한다. 실내라면 어느 곳에서라도 얻을 수 있
는 것이 단상 교류이다. 현재와 같이 전자공학(Electronics)에
의한 제어가 충분히 발달되어 있지 않았던 수십 년 전까지는
교류 모터가 전성기를 이루었고, 속도의 정도(精度)가 요구되는
테이프 리코더나 계측기에도 교류 모터가 이용되었다.

교류 모터의 회전속도는 주파수에 비례하며 권선에 전류가
흐를 때 발생하는 NSNS……의 N과 S의 합계 수(즉, 극수)에
반비례한다. Open Reel형 테이프 리코더에서는 속도를 2단
또는 3단으로 변환시켰는데, 이를 위해 2종류 또는 3종류의 권

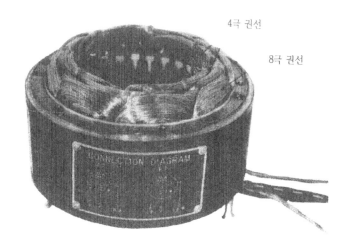

4극 권선

8극 권선

〈그림 4-1〉 4극, 8극 권선을 갖는 히스테리시스 동기 모터의 스테이터(방송국용 테이프 리코더에 이용되었다)

선을 모터 내에 함께 세트(Set)하여 스위치에 의해 이들 각각을 전원에 접속시킴으로써 극수 변환에 의한 속도 조정을 행하였다. 극수와 주파수 및 속도의 관계는 〈표 4-1〉과 같다.

실제로는 3단계로 속도를 변화시키는 것이 힘들기 때문에 4극과 8극을 조합하여 2단계로 속도를 변환하는 것이 많이 사용되었다.

이 시기에는 극수를 전환하는 방법으로 여러 가지가 고안되었다. 가장 간단한 것은 〈그림 4-1〉의 사진에서 볼 수 있듯이 4극과 8극의 권선을 갖게 하여 스위치에 의해 한쪽을 사용하는 방법이다. 이 방법에서는 한 번에 한쪽 극수의 권선만을 이용하기 때문에 불필요한 구리선(동으로 만든 전선)을 갖게 되는 셈이 되며, 따라서 크고 무거운 모터가 된다. 좀 더 복잡한 방식은 불필요한 코일을 없애 버리는 것이다. 즉, 스테이터의 홈에 배치된 다수의 코일을 전원에 접속되는 상태로 변환시킴으로써 2개의 극수 중에서 한쪽을 이용하는 방법이다. 그중에서 영국의 로클리프(Rawcliffe)가 고안한 방식은 PAM(Pole Amplitude Modulation: 자극(磁極), 즉 Pole의 진폭에 변화를 주는 것)이라 불리는 것으로 동력용 유도 모터에 적당한 방법이었다.

이와 같이 권선에 사용되는 구리의 양을 절약하는 방법을 테이프 리코더 등의 정밀한 정보기기용의 소형 모터에 적용하려고 하면, 복잡한 권선 때문에 불량품이 많이 생기고, 불편한 스위치 때문에 단가가 높아지게 되었다.

4.3 최근에는 속도를 주파수로 제어한다

극수변환 방식의 결점은 속도의 비율이 1:2:4라든지 2:3과 같이 정수비에 한정되어 있는 것이다. 즉, 극수라는 것이 코일의 전류가 형성하는 자극(NSNS……)의 N과 S의 합계인 짝수로 되어 있기 때문이다. 한편 주파수는 연속된 값, 즉 아날로그 양이다. 여기서 최근 급속히 발달한 것이 연속적인 가변주파수로 속도를 조정하는 방법이다. 단적으로 많이 이용되고 있는 예는 교류전원으로부터 정류기를 이용하여 직류로 만들고, 이를 다시 트랜지스터 회로를 이용하여 3상 교류로 만드는 것이다. 이때는 주파수뿐만 아니라 전압도 자유자재로 제어할 수 있는데, 이것이 인버터라고 불리는 것이다. 전력의 변환(직류, 교류, 주파수, 전압 등 전력의 형태를 변화시키는 것)을 다루는 학문에서는 교류를 직류로 변환시키는 기기를 순(順)변환기 혹은 컨버터(Converter)라고 하며, 반대로 직류를 교류로 변환시키는 기기를 역(逆)변환기(Inverter)라고 한다.

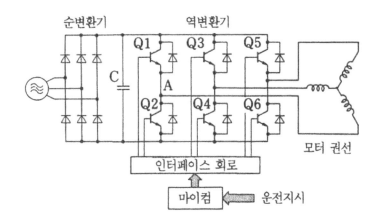

<그림 4-2> 전형적인 인버터 시스템

〈그림 4-2〉는 교류 모터의 속도를 제어하기 위한 인버터 시스템의 회로인데 실제는 컨버터도 내장되어 있다. 최근에는 낮은 전력부터 꽤 높은 전력까지 사용할 수 있는 인버터가 보급되어 있으며, 큰 용도로 전차의 모터를 제어하는 것을 들 수 있다. 앞에 언급한 외국의 원조로 받은 기기가 주파수에 맞지 않았던 문제에 대한 해답은 범용의 인버터를 이용하는 것이다. 그러나 인버터의 회로 도면을 공업학교 선생에게 제공하여 "자, 직접 만들어 보세요"라고 말해도 인버터를 만드는 기술이 없기 때문에 그것은 무리다. 기계를 제공한 프랑스에 인버터의 추가 원조를 요청하는 것이 빠를 것이다.

4.4 간단한 속도제어는 위상제어로

선풍기의 모터는 교류 모터이다. 선풍기의 회전속도를 조절하기 위해서도 역시 인버터가 필요한 것일까? 빌딩이나 터널의 공조용(空調用) 대형 환풍기에는 3상의 교류 모터가 이용되고, 이것의 속도는 인버터에 의해서 조절되고 있다. 가정용 에어컨에도 최근에는 인버터를 사용하는 것이 증가하고 있다. 인버터를 이용하는 목적은 속도를 변환시키기 위한 것뿐만 아니라, 실제로는 전력을 효율 좋게 사용하여 전기료를 낮추기 위한 목적도 있다. 그러나 가전제품인 선풍기는 단상교류 모터로서 이것에 인버터를 이용하는 것은 잘되지 않으며, 가격 또한 높다. 넓은 범위로 속도를 변화시키는 데는 무리지만 간단하게 속도를 조절할 수 있는 방법 중에는 위상제어라고 하는 방법이 있다. 이것은 〈그림 4-3〉의 회로에서 보인 바와 같이 트라이액(Triac)이라고 하는 반도체 소자를 한 개 이용한 방법으로 모터에 전압이 걸리는 시간을 조정하는 방법이다. 즉, 트라이액은 교류전원을 사용하는 회로에 편리한 소자로서 그 역할은 다음과 같다. 게이트(Gate)라고 하는 단자에 전류를 부여하기 전까지는 전류를 차단하고 있지만, 일단 전류를 부여하면 회로가 연결되며 교류의 반주기(半周期)가 끝나 전압과 전류가 0이 될 때까지 그 상태가 유지된다. 그러나 전압이 (+)에서 (-)가 되면 트라이액이 회로를 다시 차단하여 또다시 게이트에 전류가 부여될 때까지 T_1과 T_2 단자 사이에는 전류가 흐르지 않는다. 이와 같이, 전압이 0을 통과하는 시점에서부터 게이트에 전류를 부여할 때까지의 시간[이것을 점호각(威孤角)이라 함]을 조정하여 모터에 걸리는 실효적인 전압을 전원전압보다 낮게 할 수 있으며, 이에 따라 단상교류 모터의 속도를 낮은 값으로 조정할 수 있다. 그러나 원래 교류 모터의 속도, 즉 회전수가 전압에 따라 크게 변화하는 것은 바람직하지 않기 때문에 이 방법

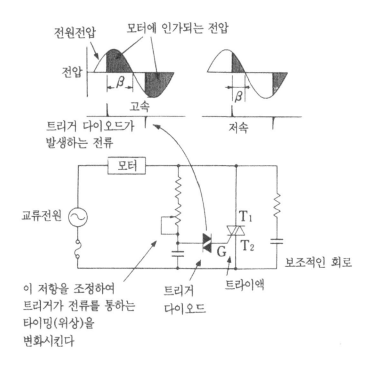

〈그림 4-3〉 전류가 통하는 각도인 β 제어에 의한 단상교류
모터의 속도 조정

이 결코 이상적이라 할 수 없다. 제3장에서 서술하였듯이, 교류
모터에는 동기(同期) 모터와 유도 모터가 있는데 동기 모터의 회
전속도, 즉 동기속도는 극수와 주파수에 의해 정해지며 전압과
는 관계가 없다. 앞에서 예로 든 보급형 테이프 리코더에는 상
자형 유도 모터가, 또 고급 기계에는 히스테리시스 모터라는
동기 모터가 사용되고 있었다.
 동기 모터를 아주 낮은 전압에서 사용할 경우 정상적인 동기
속도에 도달하지 않거나 아예 움직이지 않는 경우도 생기게 된

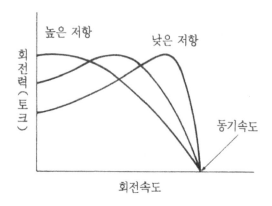

〈그림 4-4〉 상자형 유도 모터의 회전력과 속도의 관계

다. 필요 이상으로 높은 전압에서 사용하면 불필요한 진력을
소비하여 많은 열이 발생하기 때문에 적당한 전압이 필요하다.
정확히 말하면 100V에 사용하는 모터는 100V에 맞는 최적의
성능을 발휘하도록 권선 설계가 되어 있다. 유도 모터는 동기
속도보다는 약간 늦은 속도로 회전하며, 이 속도는 모터에 걸
리는 부하와 전압에 의해 정해진다. 부하가 전혀 걸리지 않았
을 때는 거의 동기속도에 가깝고 부하가 걸리면 이보다 늦어진
다. 이때 전압을 낮추면 속도는 더욱 늦어지게 되고 전압을 올
리면 속도는 약간 상승한다.

동력용 모터는 동기속도의 90~95% 정도의 속도로 회전하고
있는데, 이와 같이 모터가 설계되어 있는 이유는 유도 모터가
동기 속도 근처에서 작동될 때 우수한 효율을 얻을 수 있기 때
문이다. 또한, 상자형 유도 모터에서는 로터로 사용되는 도체봉
재료의 비저항(단위면적 및 단위길이당 전기저항)과 단면적에
따라 전압과 부하에 의해 결정되는 회전속도가 크게 변화하게

된다(그림 4-4). 그러나 이렇게 하면 모터의 효율이 낮아져 전력을 많이 소비하게 되는 현상이 발생하는데, 이것이 전압만으로 속도 조정을 할 때 생기는 단점이다.

4.5 직류 모터나 브러시리스 DC 모터는 전압으로 제어

전지 등의 직류전원에 접속하면 회전하는 것이 직류 모터이며 소형의 직류 모터 대부분은 영구자석을 사용하고 있다. 교류와는 달리 직류는 주파수가 없기 때문에 회전속도를 지배하는 것은 전압이며 모터의 무부하속도는 인가되는 전압에 거의 비례한다. 그러나 실제에 있어서는 부하로 인한 감속 때문에 직류 모터의 전압 조정만으로 속도를 조절하기는 힘들며, 따라서 여러 가지 수단을 동원하여 속도나 부하의 크기를 검출하고 이에 의하여 전압의 조정과 속도제어를 행하여야 한다. 이 같은 속도 제어 방법에는 3가지가 있는데 이를 비교하면 다음과 같다.

① **기계 거버너(Governor)**: 오래전부터 있던 방법으로, 로터 상에서 함께 회전하고 있는 접점은 속도가 어느 이상 되면 원심력에 의해 떨어지게 되고, 이에 따라 모터의 회로가 차단되어 전압이 0이 되면서 속도는 감소하게 된다. 그러나 속도가 떨어지게 되면 원심력이 줄어들면서 접점은 다시 붙게 되고 이에 따라 속도는 다시 상승하게 된다. 따라서 어느 속도에 도달했을 때 높은 빈도로 접점이 떨어졌다 붙었다 하면서 전압이 자동적으로 조정되고, 그 결과로 속도가 제어되는 방식이다(그림 4-5). 기계 거버너의 방식을 이용하는 경우가 감소하는 경향이 있는 데 반해 다음의 전자 거버너 방식은 점차 늘어나고 있다.

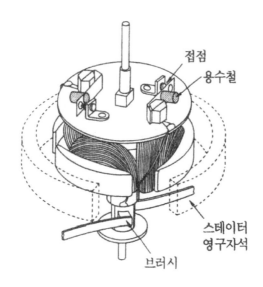

〈그림 4-5〉 직류 모터의 속도 조정에 이용되는 기계 거버너의 구조

② **전자 거버너:** 직류 모터는 직류발전기도 될 수 있는데, 모터로서 운전되고 있을 때에도 발전 작용에 의한 전압이 속도에 비례하여 생기게 되며, 이것을 역기전력이라 한다. 모터의 작동을 제어하는 회로 중에 역기전력을 검출하여 일정한 값으로 제어하는 기능을 잘 조합하게 되면 결과적으로는 속도 제어가 가능하게 된다.

〈그림 4-6〉은 전자 거버너를 내장한 직류 모터의 한 예이다. 그러나 이 방법에서는 브러시와 정류자 사이에서 발생하는 약 1볼트 정도의 전압이나 권선의 저항에 의한 온도 변화 등이 영향을 미치기 때문에 정밀한 속도 조정은 기대하기 힘들다. 전자 거버너는 트랜지스터 회로를 이용하는 브러시리스 DC 모터에도 적용되고 있으나 구체적인 방법에는 약간 차이가 있다.

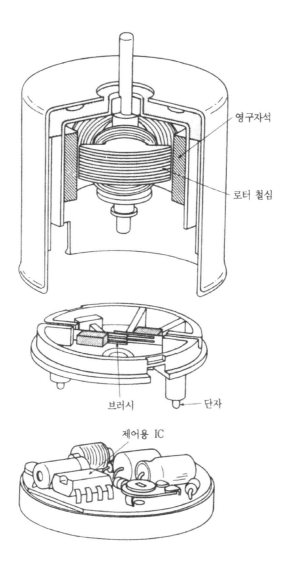

영구자석

로터 철심

브러시 ─── 단자

제어용 IC

〈그림 4-6〉 전자 거버너를 내장한 직류 모터

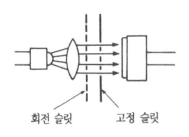

회전 슬릿   고정 슬릿

(a) 단순한 1채널형으로,   (b) 여러 채널을 이용하여
    속도 센서로 이용한다   위치의 절대치를 2진수
                                   로 출력하는 형식

〈그림 4-7〉 포토인코더의 원리

4.6 센서를 이용한다

정밀하게 속도를 제어하기 위해서는 센서가 필요하다. 센서에는 빛을 이용하는 포토인코더(Photo-Encorder)가 널리 알려져 있는데, 이것에는 2가지 방식이 있다. 하나는 〈그림 4-7〉의 (a)와 같이 단순한 것으로 모터의 축에 붙어 있는 회전 슬릿(Slit)이 고정 슬릿의 가까운 곳에서 회전하면서 광원(光源)에서 나온 빛을 통과시키거나 차단하는 방식이다. 이 방식에서는 반도체 소자가 빛을 받아 이를 전압으로 변환시키는데, 이렇게 하면 포토인코더로부터 나오는 출력신호는 펄스 상태로 얻어지고 이의 주파수는 회전속도에 비례하게 된다. 다른 하나는 회전원판의 패턴(Pattern)을 〈그림 4-7〉의 (b)와 같이 하고 1개의 고정 슬릿만을 사용한 방식으로, 회전각의 정보를 2진수의 부호나 펄스 열(列)로 변환하는 장치이다.

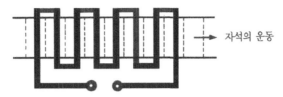

이 단자 간의 전압에 비례하는
주파수의 교류전압이 발생한다

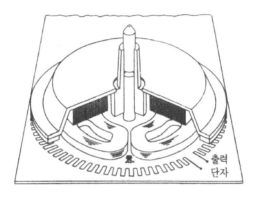

〈그림 4-8〉 플레밍의 오른손법칙을 이용한 속도 센서의 원리
와 레코드 턴테이블에의 응용

ⓐ의 단순한 방식에서는 위치의 정보는 얻을 수 없다. 단, 출력신호를 두 군데에서 얻을 수 있도록 하면 회전방향을 알 수가 있으며, 또한 펄스의 수를 세면 위치를 계산할 수 있다. 이를 위해서는 물론 별도의 전자회로나 마이컴(Microcomputer)과 같은 기계가 필요하다.

빛 이외에 자기를 감지하는 센서도 있다. 최근 많이 이용되고 있는 것의 원리는 〈그림 4-8〉과 같으며, 여기에서는 가늘게 자화된 자석이나 넝쿨처럼 접힌 프린트 배선에 플레밍의 오른

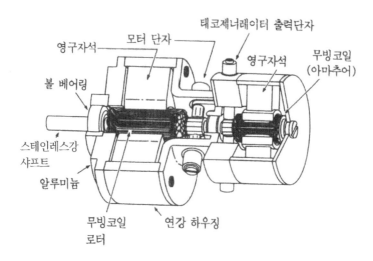

영구자석
볼 베어링
모터 단자
태코제너레이터 출력단자
영구자석
무빙코일
(아마추어)
스테인레스강
샤프트
알루미늄
무빙코일
로터
연강 하우징

〈그림 4-9〉 태코제너레이터를 붙인 직류 모터

손법칙에 따라서 교류를 발생시킨다. 즉, 프린트 배선 위를 로터에 고정된 자석이 통과하면 속도에 비례하는 주파수의 교류가 프린트 배선에 발생하게 되는데, 이를 펄스 상태로 고쳐서 사용하는 경우가 대부분이다. 레코드플레이어의 턴테이블과 같이 한 방향의 속도제어를 하는 경우에 적합하다.

직류 모터와 거의 같은 구조를 가진 DC태코미터(속도발전기, 태코제너레이터)는 속도에 비례하여 전압을 출력하는 센서이다.

다음에서는 태코미터(Tachometer)를 이용한 속도제어와 포토인코더와 같이 펄스 출력을 이용한 속도제어 방법에 대해 설명하겠다.

태코미터를 이용하는 아날로그 제어: DC태코미터는 아주 느린 속도까지도 검출할 수 있는 장점이 있다. 〈그림 4-9〉는 태코미터가 부착된 직류 모터의 특별한 예로서, 움직임을 빨리하기

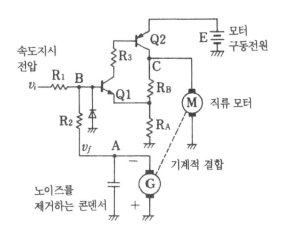

〈그림 4-10〉 태코제너레이터를 이용한 속도제어 회로

위해서 모터와 태코미터에 무빙(Moving)코일(제7장 참조)을 이
용하고 있다. 태코미터에 의한 속도제어의 원리는 비교적 알기
쉽기 때문에 〈그림 4-10〉을 이용하여 설명하겠다. 실제의 회로
는 좀 복잡하지만 여기서는 이상적인 트랜지스터를 상정(想定)
하여 기본적인 부분만을 나타내었으며, 이해를 위해서 요점을
부분별로 설명하겠다.

 -속도의 명령은 전압으로 부여하며 여기서는 이를 5V라 하자.
 -태코미터는 모터에 직접 연결되어 있고 출력 단자(A점)에는
  마이너스(-) 전압이 속도에 비례하여 나타나도록 연결한다.
  여기서는 1,000RPM(분당 회전수)의 속도일 때에 -5V가 되
  는 태코미터라고 하자.
 -저항 R_1과 R_2는 같고 B점에는 명령전압(V_i)과 피드백 전압
  (V_f)의 차이의 반인 ($V_i - V_f$)/2가 나타난다. 따라서 1,000

RPM으로 회전하고 있을 때는 B점의 전압은 0이 되고, 이보다 느린 속도에서는 플러스(+)의 전압이 나타난다. 이 설명에서는 (+)전압이 나타나는 경우라고 가성하자.

-트랜지스터 Q1과 저항 R_A, R_B는 전압을 증폭하는 것으로 증폭률은 $(R_A+R_B)/R_A$이다. 예를 들어, R_B가 90Ω, R_A가 10Ω인 때는 증폭률이 10배가 되며, 이때 증폭된 전압은 C점에 나타난다.

-트랜지스터 Q2는 전력을 증폭하기 위한 것으로서 모터가 필요로 하는 전류를 전원(E)으로부터 끌어내는 역할을 한다.

-이제 A점의 전압이 4V이고 모터가 회전하고 있다고 하자. 그러면 5V인 명령전압과의 차이에 1/2인 0.5V가 B점에 나타나며, 이것이 10배로 증폭된 5V가 모터에 부여된다. 이 전압에 의해 모터가 가속되면서 A점의 전압은 상승하고 반대로 C점의 전압은 내려가게 된다. 결과적으로 전압과 모터의 속도는 적당한 값으로 안정되게 된다.

-최종적으로는 A점의 전압이 5V보다 약간 낮은 값(예를 들면 4.8V)이 되면서 5V 정도의 전압이 모터에 걸려서 속도가 유지된다.

이와 같이 아날로그 방식은 간단하지만, 아날로그의 신호처리 회로의 저항이 온도에 따라 값이 변화하거나 콘덴서의 용량이 경년(經年) 변화하는 등 정밀도를 해치는 요소가 많다. 따라서 이것을 도외시하는 경향이 있으며, 최근에는 원가가 높아서 태코미터에는 그다지 이용되고 있지 않다. 그 밖의 센서로는 파형을 교정한 후에 포토인코더처럼 펄스 배열로 하여 출력되는 방식이 있는데, 이들의 이용법에는 크게 2가지 방식이 있다.

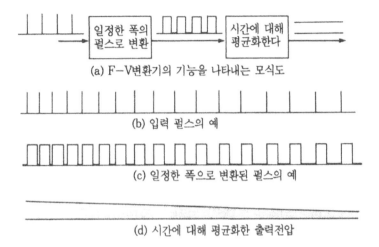

(a) F－V변환기의 기능을 나타내는 모식도

(b) 입력 펄스의 예

(c) 일정한 폭으로 변환된 펄스의 예

(d) 시간에 대해 평균화한 출력전압

〈그림 4-11〉 펄스의 주파수를 전압의 크기로 변화시키는 F-V변화기의 원리

1) 주파수 제어 이 경우에도 속도의 명령을 아날로그 전압으로 부여한다. 한편 센서로부터의 펄스 신호는 F-V변환기라 하는 회로에 입력하여 주파수에 비례하는 전압을 출력으로 얻는데, 이 부분 외에는 태코미터와 같은 방식을 이용한다. F-V변환, 즉 주파수를 전압으로 변환하는 원리는 〈그림 4-11〉을 참조하기 바란다.

이 방법에서는 디지털과 같은 펄스를 사용하고 있음에도 불구하고 실제로 나타나는 출력은 아날로그 형태의 전압이기 때문에 정밀도가 낮다.

2) PPL(위상동기화제어)은 속도명령을 〈그림 4-12〉와 같이 펄스로 부여하는 방식으로 명령의 펄스와 센서의 펄스가 서로 동기(同期)하여 제어하는 것이다. 부하의 크기에 따라 속도를 정확히 제어할 수 있는 것이 PLL(Phase Locked Loop) 방식

144

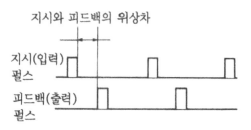

〈그림 4-12〉 PLL제어

의 최대 이점으로 오디오나 비디오 기기, 레이저 프린터 등에 이용되고 있다.

4.7 전압제어에서 전류제어로

속도를 제어하는 데 있어서 부하의 크기가 변화하거나 전기 계통에 잡음이 들어가게 되면 속도가 불안정하게 되는데, 이를 방지하기 위해 피드백 방법으로 모터에 인가되는 전압을 재조정하는 방법이 앞서 언급한 전압제어 방식이다. 그런데 고급 전기기기에서는 이 같은 전압보다는 전류로 속도를 제어하는 방식이 의외로 많이 사용되고 있는데, 이는 전류제어 방식이 값은 더 비싸지만 성능이 더 우수하기 때문이다. 전류제어 방식의 성능이 더 우수한 이유는 속도를 조정할 때에는 회전력을 조절하는 것이 가장 효율적이기는 방식에서는 속도 회복의 타이밍이 늦어서 진동이 발생하는 경우가 있는데, 이는 전압의 변화로부터 전류의 변화가 생길 때 모터의 때문으로 직류 모터에서는 회전력을 조절한다는 것과 전류를 조절한다는 것은 같은 의미이다. 검출된 속도에 따라 전압을 조정하자계에 의해

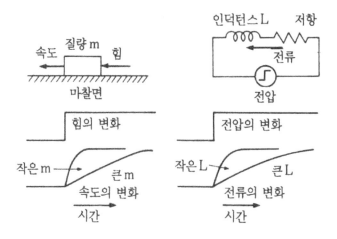

〈그림 4-13〉 역학계에서는 질량(m)이 클수록 속도의 변화가 늦고,
전기계에서는 인덕턴스(L)가 클수록 전류의 변화가 늦다

형성되는 인덕턴스라고 하는 것이 동작을 지연시키기 때문이
다. 인덕턴스란 〈그림 4-13〉에 설명하고 있듯이 역학(力學)에
있어서 물체의 관성과 같은 영향을 나타낸다. 관성이란 운동하
는 물체에 힘을 가해 변화를 주게 되면 이에 저항하는 효과가
나타나는 현상을 말하는 것으로 질량이 클수록 저항이 크다.
전기회로에 있어서 속도에 해당하는 것이 전류이고, 질량에 해
당되는 것이 인덕턴스, 또 힘에 해당하는 것은 전압이다. 따라
서 인덕턴스의 관성효과로 인해 전압에 따라 전류를 민감하게
조정할 수 없게 되며, 이것이 속도의 정밀한 제어에 지장을 주
게 된다. 결국 전압보다도 전류로 속도를 직접 제어하는 것이
성능 면에서 더 우수하게 된다. 최근에는 반도체 회로기술의
진보에 따라서 전류를 제어하는 기술이 발달하고 있다.

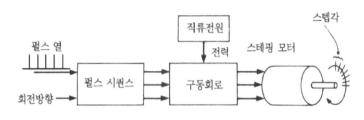

〈그림 4-14〉 스테핑 모터의 구동 시스템

4.8 펄스로 스테핑 모터를 제어한다

스테핑 모터는 구조적으로는 교류 모터에 가깝지만 현재는 전혀 다른 모터로 여겨지고 있다. 스테핑 모터는 직류 모터나 교류 모터와 같이 전원에 접속하면 회전하는 모터와는 달리 전자회로를 이용하여 구동되며, 〈그림 4-14〉의 운전 시스템에서 알 수 있듯이 직류 전원으로 구동회로의 부분에 전력을 공급하고 있다. 만일 이 스테핑 모터가 3상 모터로 3개의 권선을 가지고 있다고 하면, 제1상에 전류가 흐르는 최초의 상태에서는 모터는 움직이려 하지 않으며 외력에 대해서도 저항하게 된다. 다음에 스위칭의 순서를 조절하는 시퀀스(Sequence)라는 디지털 회로에 펄스가 하나 들어가면 제1상의 전류가 멈추고 제2상에 전류가 흐른다. 전류가 흐르는 전선을 바꾸어 주는 행위를 전류(轉流)라 하는데, 한 번 바꾸어 줄 때마다 모터는 일정한 각도만큼 회전하고 외력에 대해 그 위치를 유지하려고 한다. 이와 같이 한 펄스에 의해 회전하는 각도의 정격값을 스텝 (Step)이라 한다.

또, 한 번의 펄스가 들어가 제2상으로부터 제3상으로 전류 (轉流)되면, 다시 한 스텝각만큼 회전하고 정지한다. 따라서 일

정 주파수의 펄스를 연속적으로 부여하면 모터는 일정한 속도
로 회전하게 된다. 단, 펄스의 주파수가 낮을 때는 마치 시계의
초침처럼 스텝 모양으로 움직이게 되지만 주파수를 적당하게
높이면 부드럽게 회전한다. 인쇄가 깨끗하다고 알려진 레이저
프린터의 드럼 회전용 모터에는 여러 종류의 모터가 이용되지
만 스테핑 모터도 이용되고 있는데, 이때의 스테핑 모터는 속
도제어보다는 오히려 위치제어에 적합하다. 예를 들면 최초의
위치에 정지하고 있는 모터에 100개의 펄스를 부여하면 스텝
각의 100배만큼 회전한 위치에 정지하며, 회전방향을 반대로
하기 위해서는 펄스 시퀀스에 있는 방향 단자의 신호를 높은
수준(H)으로부터 낮은 수준(L)으로 바꾸면 된다.

이와 같이 회전방향과 정지위치가 디지털로 간단하게 제어
가능한 것이 스테핑 모터의 큰 이점으로 스텝각의 사례(事例)로는
15도, 7.5도, 2도, 1.5도, 0.9도 등이 있다. PC나 워드프로세
서에 있는 FDD나 HDD의 자기 헤드를 구동하는 데 많이 이
용되고 있다.

4.9 위치제어의 고전적 방법을 보자

직류 모터를 이용하여 위치를 제어하는 고전적인 방법을 〈그
림 4-15〉에 알기 쉽게 나타내었다. 원리를 나타내기 위하여
모터 축에 전위차계(Potentiometer)라고 하는 것을 연결하였
는데, 전위차계는 정밀한 가변저항기와 같은 것으로 그림에 나
타낸 것은 교육 실험용과 유사한 것이다. 입력단자에 변동하지
않는 일정한 전압을 부여하면 접점단자에 위치 정보가 전압으
로 나타난다. 위치의 명령도 전압으로 부여한다. 위치명령과 실

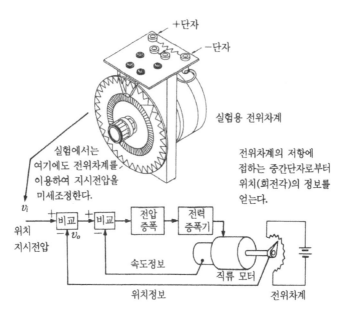

+단자

-단자

실험용 전위차계

전위차계의 저항에
접하는 중간단자로부터
위치(회전각)의 정보를
얻는다.

실험에서는
여기에도 전위차계를
이용하여 지시전압을
미세조정한다.

v_i
위치
지시전압

비교 비교 전압
증폭 전력
증폭기

v_o

속도정보

직류 모터

위치정보

전위차계

〈그림 4-15〉 직류 모터를 이용한 위치(회전각)제어 시스템

제 위치의 피드백된 것과의 차이를 취하고, 또한 모터 회전속
도에 관한 명령과 모터의 실제 회전속도의 피드백된 양의 차이
를 증폭해, 이 두 값을 증폭하여 모터에 걸리는 전압의 명령값
으로 중폭회로에 제공한다.

이 원리의 요점을 설명하겠다.

우선 위치의 명령을 전압 5V라 하고 또 전위차계에 인가되
어 있는 전압을 10V라고 하자. 이때 전위차계로부터 얻을 수
있는 위치단자의 출력전압이 3V라고 하면, 명령과 피드백 값의
전압 차는 2V이며, 모터가 최초의 상태로 정지하고 있다고 하
면 속도의 피드백 값은 0으로 2V에는 영향을 주지 않는다. 그
러면 이 2V가 증폭되어(만일 10배 증폭이라고 하면) 20V의 전

압이 모터에 걸리고 모터는 회전하기 시작한다. 그런데 이 방향은 전위차계 접점의 전압이 높게 되는 방향으로, 출력전압이 높아져 4V가 되어 모터에 걸리는 전압이 10V가 된다. 이와 같이 하여 전위차계의 출력전압이 5V가 되도록 자동제어된다. 그런데 만약, 여기에 태코미터가 없으면 좋지 않은 현상이 발생하게 된다. 즉, 모터가 목표점에 가까이 와도 감속되지 않기 때문에 목표를 넘어가게 된다. 이렇게 될 경우 전위차계의 출력이 7V가 되는 지점에서 모터가 겨우 정지하는 상황이 발생할 수도 있으며, 이때는 위치명령 전압과의 차가 -2V가 되어 이것의 10배인 -20V가 모터에 걸리게 된다. 이렇게 되면 모터는 반대방향으로 가속되어 역방향의 목표점을 향하게 되지만 이때도 역시 목표점을 넘어가게 된다. 결국 목표점을 왔다 갔다 하여 진동이 발생한다.

여기서 태코미터의 역할이 필요하게 된다. 태코미터의 구조는 모터와 유사하지만 회전속도(Speed)에 비례하여 전압을 발생하는 장치로 목표 근처에서 모터가 스피드를 가지고 있으면, 태코미터로부터 (-)값이 피드백되어 모터에 걸리는 전압을 낮추고 이에 따라 감속이 효과적으로 이루어져 진동이 발생하지 않는다. 즉, 속도를 늦추면서 위치를 결정하는 셈이다. 이러한 예와 같이 위치제어에 있어서는 위치 센서뿐만이 아니라 동시에 속도의 센서가 필요하며, 이는 제6장에서 설명하는 근대적인 방법에서도 같다.

모터의 제어에 대하여 더욱 상세히 조사하기 위해서는 모터를 구동하는 전자회로의 기술인 파워 일렉트로닉스(power electronics)에 대한 지식이 필요하다. 다음 장에서는 이에 대해 살펴보겠다.

소형 모터란

보통 손바닥 위에 올라갈 수 있는 크기의 모터를 소형 모터라 부른 다. 통산성(通産省)의 통계에서는 출력 70W 이하를 소형 모터로 여기 고 있는데, 이는 현실에 잘 맞지 않는다. 청소기의 모터도 700W 정 도의 출력을 내지만 크기는 남자가 쥘 수 있는 정도이다. 분수마력(分 數馬力)이라 하는 단어가 있어 소형 모터와 같은 의미로 사용되었는데 이는 750W 이하의 모터라는 의미이다.

현재 출력이 1kW 이하인 것은 소형 모터라고 하는 것이 일반적이 다. 그러나 200W의 서보 모터를 제어하는 것이나 2kW의 서보 모터 를 제어하는 것이나 기술적으로는 큰 차이가 없다.

정격이란

흔히 정격전압 100V, 정격전류 2A라고 말한다. 정격(定格)이란 무엇인가? 모터의 사용 조건을 규정하거나 또는 범위를 부여하는 수치다. 다시 말하면 안전하게 사용 가능한 한도를 의미하는 수치라고도 해석할 수 있다. 정격전압 200V, 50Hz에서 사용하는 모터가 만일 4극 5마력(3.7kW 출력)의 모터라 하자. 그러면 정격전류는 16A로 이 이하의 전류를 계속 흘려도 기계에는 별문제가 없다. 그런데 정격치보다도 많은 전류가 연속적으로 흐르면 모터 내부에서 열이 많이 발생하여 코일을 절연하는 부위를 파손시킬 가능성이 있으며, 일시적으로는 괜찮다 할지라도 절연체가 열화(劣化)하여 결국은 사고를 일으킬 가능성이 있다.

이 모터는 200V, 60Hz에서 운전해도 괜찮다. 그러나 달리 50Hz보다 낮은 주파수에서 운전할 때는 주의를 해야 하는데, 이는 주파수가 낮아지면 전류가 잘 흐를 뿐 아니라 자속 밀도의 한계치를 넘기 때문이다. 교류 모터에서는 주파수, 전압과 거의 비례관계가 되도록 운전하는 것이 좋다.

정격은 모터의 구조나 코일의 피복 재료에 따라서 다르다. 개방형은 공기가 모터 내부와 외부를 자유롭게 통과할 수 있는 구멍이 있기 때문에 열의 발산이 양호한 반면, 먼지나 티끌의 침투를 막는 밀폐형의 경우에는 구멍이 없기 때문에 같은 정격이라도 열확산을 고려하여 모터의 크기가 크다. 대부분의 소형 정밀 모터에는 밀폐형이 많기 때문에 모터의 내부가 보이지 않는다.

한편, 서보 모터의 정격의 의미는 동력용 모터처럼 단순하지 않은데 이는 사용 방법에 따라 크게 변하기 때문이다. 이 때문에 각각의 사용법에 대하여 발생하는 열과 냉각의 효과를 계산하고 이에 따라 적당한 모터를 선택하는 것이 보통이다.

제5장 파워 일렉트로닉스와
마이컴을 이용한다

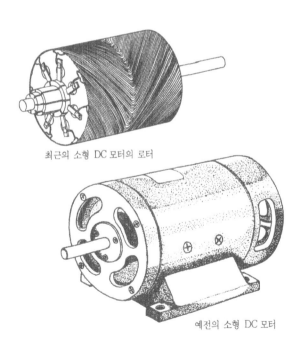

최근의 소형 DC 모터의 로터

예전의 소형 DC 모터

제3장에서 보았듯이 어떠한 모터라도 회전하기 위해서는 '전류(轉流)'라고 하는 수단이 필요하고 이것의 구체적인 방법에 따라 모터의 종류가 정해진다. 전류란 말을 바꾸면 다음과 같다. 즉, 어떠한 모터에도 권선(복수의 권선의 조합)이 있으며, 전자석형의 직류 모터의 자계 권선에 흐르는 전류를 예외로 하면 이 권선에는 교류가 흐르고 있다. 교류 모터는 원래 상용(전력회사의 발전기로 발전되어 변전되고 송전된 상태)의 교류전류로 운전되는 모터라는 것이 통념이었다. 여기서 상용의 교류란 발전소의 발전기에 의해서 전류가 강제적으로 행하여지고 있는 전류(電流)라고 볼 수 있다.

여기서는 전류의 의미를 더욱 자세히 살펴보게 되는데, 전류를 반도체 소자로 행하면서 모터를 구동하는 기술을 파워 일렉트로닉스(Power Electronics)라고 한다. 이러한 관점으로부터 고찰을 진행해 보겠다.

5.1 일렉트로닉스에 의한 전류와 마이컴의 이용

최근에는 트랜지스터나 MOSFET(금속산화물 반도체 전계효과형 트랜지스터) 등의 반도체 소자에 의해서 모터에 따라 적당한 주파수나 전압으로 바꿔서 개개의 모터를 구동하는 것이 당연한 시대가 되었다. 이는 일렉트로닉스(Electronics)에 의한 전류(轉流)를 이용하여 교류를 만드는 기술로서, 예를 들어 스테핑 모터나 브러시리스 DC 모터는 처음부터 일렉트로닉스에 의한 전류로 운전하는 모터로 발달해 왔다. 직류 서보(Servo) 모터는 트랜지스터 회로에 의해서 수십 kHz대의 높은 주파수로 행해지는 전류에 의해 작동되어 로봇이나 공장의 기계를 움

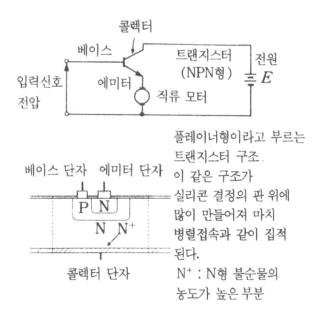

〈그림 5-1〉 직류 모터를 움직이기 위해 사용하는 가장 간단한 트랜지스터
회로와 전형적인 트랜지스터 구조

직이고 있다. 전자, 전기공학 분야에 파워 일렉트로닉스라는 학
문이 있는데, 이는 반도체를 이용해서 모터를 구동하는 기술에
관한 학문이다.

최근에는 모터의 운전과 제어에 디지털 기술이 많이 도입되
어 퍼스컴(PC)이나 미니컴에 의해 제어할 수 있게 되었다. 즉,
마이컴에 의해서 파워 일렉트로닉스 회로가 제어되어 이것에
의해 모터가 구동되는 것이다.

5.2 트랜지스터로 직류 서보 모터를 구동한다

제4장 4.6절에서는 태코미터라고 하는 속도 센서를 이용하여

모터의 속도를 제어하는 사례를 설명하였다. 거기서 본 〈그림 4-10〉의 트랜지스터 회로에서 전압 증폭 기능을 제외하고 더 간단하게 하면 〈그림 5-1〉의 회로가 된다. 이것은 NPN형의 트랜지스터 1개만으로 구성되어 있는 회로로서 여기에서 NPN형의 N이나 P라고 하는 것은 N형 반도체와 P형 반도체를 말하는 것이다. 순도가 높은 실리콘 결정 중에 인(P)이나 비소 등 5가의 원자를 불순물로 혼입한 것이 N형 반도체이고, 붕소나 인듐 등 3가 원소를 혼입한 것이 P형 반도체이다.

실리콘 결정 중에 불순물을 NPN순으로 혼입한 것이 NPN형 트랜지스터로 신호의 증폭이나 스위치 기능을 갖는 구조를 갖고 있다. 중앙의 P부분을 베이스(Base)라 하며, 한쪽의 N형을 이미터(Emitter), 다른 한쪽을 컬렉터(Collector)라고 한다. 그리고 그 컬렉터는 이미터보다 더 많은 부분을 차지하고 있다. 〈그림 5-1〉에는 3중 확산 플레이너(Planar)형이라 불리는 트랜지스터의 단면 구조를 나타내고 있다. 트랜지스터의 베이스와 이미터 사이에 나타나는 전압은 0.6V 정도의 낮은 값이므로, 이것을 무시하면 베이스에 인가된 전압과 거의 같은 전압이 모터에도 걸리게 된다. 즉, 전압의 증폭률이 1인 셈이다. 이 전압으로 모터가 회전할 때 전류는 전원(E)으로부터 트랜지스터를 통하여 모터에 공급된다. 이 회로에 있어서 입력전압은 모터에 인가되는 전압을 명령할 뿐이며, 베이스 단자로부터 공급되어 모터를 회전시키는 전류에는 영향을 미치지 않는다. 전류는 따로 준비한 전원(E)으로부터 트랜지스터를 통해 부여된다. 이것이 서보 증폭기(명령신호를 받아 모터를 구동하는 회로)의 기본 형식으로 이와 같은 회로에서는 모터가 한 방향으로만 회전한다.

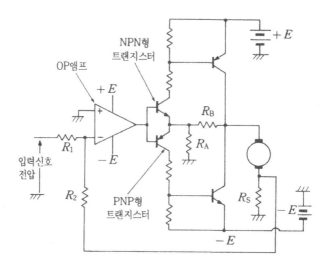

〈그림 5-2〉 직류 모터를 양방향으로 구동시키는 서보 증폭기(전류
제어형)의 기본 형식

모터의 역회전이 가능하도록 전압을 증폭하는 것이 〈그림 5-2〉
의 회로이다. 이 회로에 대해 설명하기에는 많은 시간이 소요
되므로 흥미를 가진 독자는 참고문헌 ⑵를 참조하기 바란다.

이 회로는 표준적이고 실용적인 서보 증폭기에 가깝지만, 최
신식은 아니다. 그 이유는 트랜지스터의 이용법이 아날로그적
이어서 전력 손실이 꽤 크다는 결점이 있기 때문이다. 예를 들
어 〈그림 5-1〉의 기본 회로에서 전원이 50V이고, 입력전압이
20V라고 하면 나머지 30V는 트랜지스터의 컬렉터와 이미터
사이에 걸리게 된다. 이때 2A의 전류가 흐르면, 60W의 전구
가 켜져 있는 것과 같이 트랜지스터에는 많은 열이 발생하게
되고, 이 열을 제거하는 수단이 없을 경우 트랜지스터는 파괴
되어 버린다. 전력의 낭비와 트랜지스터를 보호하기 위하여 큰

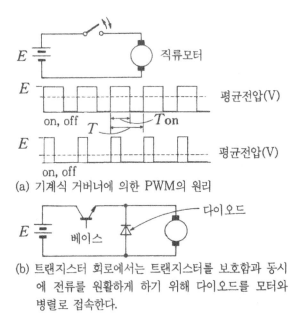

<그림 5-3> 직류 모터의 PWM 구동 원리와 트랜지스터 회로

히트 싱크(열을 흡수하여 공기 중에 방출하기 위해 오토바이의 엔진과 같이 가공된 알루미늄)를 부착하는 것과 원가와 크기 면에서 우수한 펄스폭 변조제어가 파워 일렉트로닉스에서는 중요한 기술이다.

5.3 에너지 절약을 위한 펄스폭 변조

펄스폭 변조라고 하면 생소하게 들릴지 모르지만 원리는 아주 간단하며 이는 앞 장에서 설명한 거버너의 원리와 거의 같다. '거버너'라고 하는 단어에는 여러 가지 의미가 있지만 여기서는 직류 모터에 인가되는 전압을 기계적 접점에 의해 ON,

OFF하여 조절하는 것으로써 〈그림 5-3〉의 ⒜와 같은 의미이
다. 전원전압이 10V일 때 접점이 ON이 되는 시간과 OFF되는
시간의 비율을 6 대 4로 하면 모터에 인가되는 실효전압은 6V
가 되며 ON, OFF의 비율을 3 대 7로 하면 3V의 전압이 모터
에 걸려 있다고 할 수 있다. 기계적인 접점을 높은 주파수로 조
정하는 것은 곤란하고 설사 조정이 가능하다 해도 수명이 짧아
지기 때문에 실용성이 별로 없다. 그러므로 트랜지스터를 이용
하여 디지털로 높은 주파수에서 ON, OFF를 제어한다. 〈그림
5-3〉의 ⒝의 회로가 이것으로 여기서는 다이오드 코일이 모터에
흐르는 전류를 원활히 하기 위해서 보조적으로 부가되어 있다.
이때 모터에 실질적으로 인가되는 전압, 즉 평균 전압 〈V〉는
베이스에 부여하는 펄스에 따라 다음의 식과 같이 변화한다.

$$\langle V \rangle = E T_{ON} / T$$

여기서 E=전원전압

T=ON, OFF의 1사이클의 시간

T_{ON}=트랜지스터를 ON시키는 시간

트랜지스터는 1초 동안에 1,000회부터 20만 회라고 하는 높
은 주파수에서 스위칭하기 위해서 이용하며, ON 시간을 제어
함으로써 위의 식과 같이 모터 등에 걸리는 전압을 원활하게
조정할 수가 있다. 주파수를 높게 하는 이유는 낮은 주파수에
서 ON, OFF하면 전류가 펄스 모양으로 매끈하게 흐르지 못하
고 따라서 모터의 움직임도 까닥까닥하게 되기 때문이다.

펄스폭 제어를 영어로는 Pulse Width Modulation이라 한
다. 그 첫 문자를 따서 보통은 PWM이라 한다. PWM의 이점

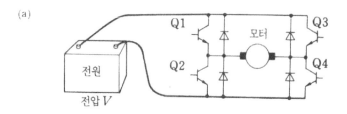

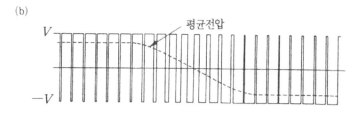

〈그림 5-4〉 직류 모터를 가역운전하기 위한 H형 브리지 회로와
모터에 인가되는 전압의 파형

은 트랜지스터에서 소비되는 전력이 낮다는 점이다. OFF일 때
는 트랜지스터에 전류가 흐르지 않기 때문에 전력의 손실이 없
으며, 전류가 있다고 하더라도 컬렉터와 이미터 사이의 전압이
1V 정도로 낮은 값이기 때문에 소비전력(전류×전압)은 적다.

단, 이 방법의 결점은 스위칭에 의해 발생하는 잡음으로 음향
적인 잡음은 20kHz를 넘으면 초음파가 되어 인간의 귀에는 들
리지 않지만, 전기적 잡음은 여러 가지 문제를 야기하기 때문에
이를 해결하는 것이 기술자의 과제이다. PWM에 의해서 직류
모터를 가역운전하기 위해서는 〈그림 5-4〉의 H형 브리지 회로
라 불리는 회로가 이용된다. 여기서는 4개의 트랜지스터를 스위
치로서 이용하고 있는데, 〈그림 5-4〉의 (a)에 나타낸 것처럼
Q1과 Q4를 동시에 ON, OFF하고 Q2와 Q3를 반대의 타이밍

으로 ON, OFF하면 〈그림 5-4〉의 (b)와 같은 전압의 파형이 모터에 인가되어 순간마다 평균전압을 원활히 변화시킬 수 있다.

5.4 파워 일렉트로닉스로 제어되는 3상 브리지

최근의 파워 일렉트로닉스 기술의 진보를 보면 직류 모터보다도 교류 모터나 브러시리스 DC 모터의 운전에 기술자의 흥미가 집중되고 있다.

직류 모터는 많이 이용되고 있는 모터인 동시에 이론적으로는 다른 모터의 기본이 되는 것이지만, 브러시와 정류자라고 하는 불편한 것을 가지고 있어 장시간 운전하면 마모 때문에 브러시를 교환하거나 정류자의 표면을 깎아내야 한다. 따라서 제조업에 사용되는 기계에는 직류 모터 대신 교류 모터나 유사한 구조를 하고 있는 브러시리스 DC 모터를 이용하는 편이 유리하다고 판단하고 있다.

직류 모터와는 달리 교류 모터나 브러시리스 DC 모터는 코일에 3상 교류를 부여해야 한다. 3상 모터를 파워 일렉트로닉스로 구동하기 위해서 3개의 H형 브리지 회로를 사용하는 것은 결코 나쁘지는 않지만 더욱 경제적인 것이 〈그림 5-5〉와 같은 3상 브리지 회로이다. 이것은 이미 제3장이나 제4장에서 인용한 기계적인 스위치로 나타낸 인버터이다. (a)의 기계적 스위치를 이용하는 회로와 (b)의 트랜지스터를 이용하는 회로의 대응 관계에 대해서는 제3장의 〈그림 3-32〉를 참조하기 바란다. 그림에서 보면 H형 브리지 회로를 3조(組) 이용하면 12개의 트랜지스터가 필요한 데 반해 3상 브리지 회로를 이용하면 6개의 트랜지스터만 있으면 된다는 것을 알 수 있다.

162

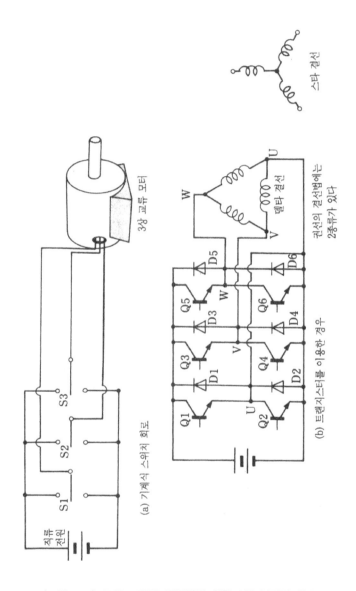

스타 결선

3상 교류 모터

(a) 기계식 스위치 회로

직류
전원

S1 S2 S3

스타 결선

W

델타 결선

V

U

권선의 결선법에는
2종류가 있다

Q5 D5

W

Q6 D6

D3 Q3 D1

V

D4 Q4 D2

Q1 U Q2

(b) 트랜지스터를 이용한 경우

〈그림 5-5〉 교류 모터를 구동하기 위한 3상 브리지 회로

그러면 3상 브리지 회로를 이용한 PWM의 방식에 대해 설명을 하도록 하겠다. 이것은 H형 브리지 회로를 3개 이용하는 발상과는 다른 근본적으로 새로운 방식이다. 제3장의 〈그림 3-1〉의 사진은 지금부터 서술하는 이론을 메카트로라보 KEN- TAC(메카트로닉스용 마이컴, 본인의 연구실에서 개발되어 공업교육 기기로서 국내뿐 아니라 외국에도 보급되기 시작한 장치)를 이용하여 실험을 하면서 학생들에서 설명하고 있는 것이다.

5.5 3상 교류의 발생을 3차원 직교축으로 생각해 보자

평면의 현상을 수학적으로 취급하기 위해서는 평면에 2차원의 직교 좌표축을 이용하면 이론의 전개가 쉽다는 것을 독자들은 고등학교 시절 수학에서 배웠으리라 믿는다. 마찬가지로 공간의 현상을 3차원의 직교축을 설정하여 취급하는 것이 보통으로 여기서는 공간 벡터를 생각해 보도록 하겠다.

여기서 서술하려 하는 것은 3상 모터에서 논의의 대상이 되는 자계의 형성 방법을 3차원 공간의 현상으로 해석해 보려는 것이다. 제3장의 〈그림 3-15〉에서는 슬롯이 6개인 모터에서 스위칭과 함께 내부의 자계가 60도씩 회전하는 모양을 나타냈는데 여기서도 같은 내용을 델타 결선을 예로 들어 복습하면서 파워 일렉트로닉스의 의미를 살펴보겠다.

이와 같은 간단한 구성의 인버터의 특징은,

(가) 회로에서 각 상의 단자가 접속되는 스위치는 1개의 쌍도 스위치(두 방향으로 움직이는 스위치)로 여기서는 플러스(1)나 마이너스(0)의 상태에 있는 것으로 설명하였다.

(나) 권선은 〈그림 5-5〉에도 있듯이 △결선이나 Y결선의 심벌마크로 표시하는 것이 통례이나 여기서는 설명이 좀 더 쉬운 델타 결선의 경우로 생각하였다. 24슬롯을 가진 철심에 '4극 랩(Lap) 권취'라고 하는 방법으로 권선을 감은 상태를 실제 모양으로 나타낸 것이 제3장의 〈그림 3-5〉이다. 〈그림 5-6〉은 U, V, W 스위치의 상태를 3차원 공간에 나타낸 것이다. 각각의 스위치 상태는 0과 1의 2개의 가능성이 있기 때문에, 다음에 나타내는 8개의 점으로 이 공간에 표시되어 있다.

A점(001)	B점(011)
C점(010)	D점(110)
E점(100)	F점(101)
O점(000)	Z점(111)

이들 8개의 점들을 서로 인접한 것끼리 직선으로 연결하면 입방체를 형성하게 된다. 이를 KENTAC 양(이하 KEN 양이라 부름)이라는 관찰자가 보고 있다고 가정하고, 또한 그녀가 원점과 Z점을 연결하는 직선의 방향으로 보고 있다면 입방체는 정육각형으로 보일 것이다. 이 육각형은 6개의 정삼각형으로 이루어져 있는데, 각각의 삼각형을 세그먼트(Segment)라고 하면 이 육각형은 6개의 세그먼트로 이루어져 있는 셈이 된다.

이 점들 중 양극단에 있는 2개의 점(원점과 Z점)에 대한 의미를 먼저 설명하면 다음과 같다.

원점(000): 좌표의 원점 3개의 스위치가 모두 마이너스 쪽으로 되어 있으며 3상 모두 단자에서의 전압이 0이다. 따라서 3

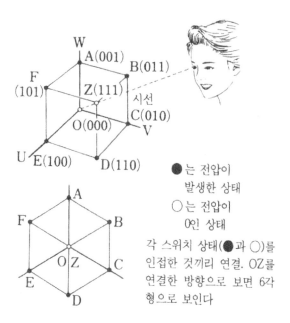

〈그림 5-6〉 3차원 공간에서 3상의 스위칭 상태

상 중 어느 2상 사이의 전압 차도 모두 0이다.

Z점(111): 3개의 스위치 모두가 플러스 쪽으로 되어 있으며 3상 모든 단자에는 전압(E)이 걸리게 된다. 이 경우도 3상 중 어느 2상 사이의 전압 차는 모두 0이다.

모터의 권선에 흐르는 전류는 2상의 단자 사이에 걸리는 전압(U-V, V-W, W-U)의 차에 의해 결정되기 때문에 이들 전압 차가 0이 되는 원점(000)과 Z점(111)은 어느 쪽이나 모두 전류를 정지하는 작용을 나타낸다. 이 원점과 Z점의 차이에 대해서는 후에 다시 설명하였다.

〈그림 5-6〉에서 KEN 양은 이들 2점(원점과 Z점)을 연결하

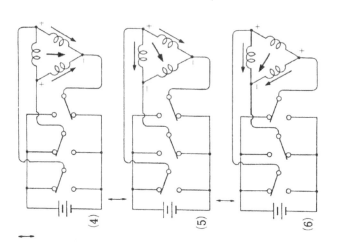

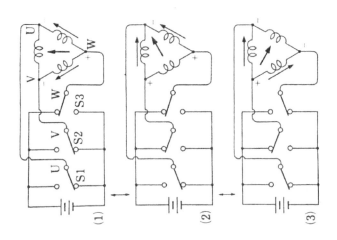

〈그림 5-7〉 U, V, W 세 단자의 전압 변화에 의한 전압 벡터
의 회전(▽ 내의 화살표가 전압 벡터)

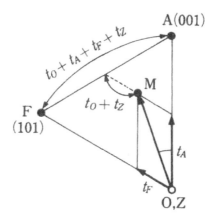

〈그림 5-8〉 투영면 AFO(Z)에서 전압 벡터 $\overrightarrow{OM}$을 발생시키기 위한 시간배분의 결정도표. 정삼각형의 한 변을 $t_0+t_A+t_F+t_Z$로 한다

는 직선의 방향으로 입방체를 보고 있는데, 이 경우 그녀의 망막에 비친 2차원의 상(정육각형)에서는 원점이 중심에 오게 되고, Z점 역시 그 위에 겹쳐지게 된다. 따라서 여기에서는 원점과 Z점을 구별할 수 없다.

모터의 권선에 의해 발생하는 자계를 결정하는 3상 전압의 모양이 지금 KEN 양의 안구를 통해서 그녀의 망막에 비춰지고 있는 셈이다. 앞의 3.3절에서 설명한 아주 간단한 6스텝 인버터라 불리는 방식은 원점과 Z점을 제외한 6개의 상태를 (001)→(011)→(010)→(110)→(100)→(101)의 순, 혹은 역순으로 회전하는 방식을 채용한 것이다. 이때의 스위치 상태, 전류의 흐름 및 전압 벡터라고 하는 것으로 회전의 양상을 잘 나타낸 것이 〈그림 5-7〉이다. 전압 벡터라고 하는 것은 2차원의 양으로서 이 그림에서는 델타(Δ) 결선의 중앙에 그려져 있는

굵은 화살표(⬇)이다.

이때의 3차원 입방체에서 스위치의 상태를 나타내는 6개의 점 각각과 원점을 연결한 6개의 선분은 〈그림 5-8〉에 나타낸 6개 의 기본 전압 벡터와 같다. 교류 모터를 상용(商用)의 교류(정현 파의 교류)로 대부분 운전했던 고전적 기술의 시대에는 전압 벡 터라 하는 개념이 없었으며, 더구나 3상의 교류를 여기에 나타 낸 것과 같이 3차원 공간에서 취급할 필요도 없었다. 단지 모터 내부의 자계를 2차원 평면 문제로 다루어 수학적으로만 취급하 고 있었다. 물론 파워 일렉트로닉스 시대에 들어와서 디지털 기 술로 교류 모터를 운전하게 되었어도 2차원의 평면 문제로 이를 다루는 것이 불가능한 것은 아니다. 〈그림 5-7〉에도 이 같은 것 을 나타내었다. 그렇지만 3차원의 개념을 도입하면 지금까지 잘 보이지 않았던 재미있는 사항까지도 잘 보이게 된다.

필자의 생각으로도 전압 벡터는 3차원으로 정의하는 것이 좋 을 것 같다. 이렇게 하면 관찰자에게는 영상으로 종래의 2차원 으로만 생각했던 전압 벡터를 나타낼 수 있는데, 이것을 〈그림 5-6〉 에 표시하였다. 3차원의 형상을 2차원에 투영하는 문제를 수학 적으로 표현하기 위해서는 행렬을 사용해야 한다. 그러나 이를 직감적으로 이해하기 쉽게 설명하기란 힘들기 때문에 수학보다 는 시각적인 영상에 의해 설명하는 것이 더 좋을 것 같다.

5.6 전압 벡터와 3차원에서의 작용

3상 인버터를 위한 PWM 신호의 발생에 대해서 좀 더 생각 해 보기로 하자.

전류의 의미를 명확히 하기 위하여, 앞서와 같은 공간에서

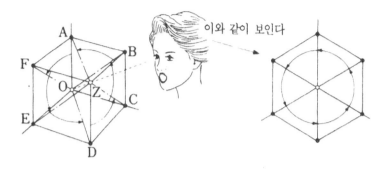

〈그림 5-9〉 입체로 보면 6개의 원주는 흐트러져 있지만 KEN에게는, 즉
2차원에서는 원의 모양으로 회전하고 있는 듯이 보인다

관찰자 KEN 양의 눈에 비친 2차원상의 어느 한 점(이것을 M
이라 하자)이 3차 위상에서는 어디에 해당하는지를 살펴보자.
이 점이 〈그림 5-9〉에 나타낸 것처럼 KEN 양에게는 세그먼트
AFO(Z) 속에 있는 것같이 보인다. 이 점의 위치는 3차원 공간
에서 정의하려고 하면 무한한 가능성이 있을 수 있다. 그것은
면 AFO 위의 점이라 해도 좋고, 면 AFZ상에 있다 해도 좋으
며, 혹은 이들 2면을 연결하는 직선상의 어디라도 좋게 된다.
여기서 우선, 입방체의 면(AFO) 위에 점 M을 정의하기로 하
자. 그리고 스위치의 상태가 A점, F점 및 O점 각각에 체류하
는 시간을 적당히 배분하면 평균적인 스위치의 상태는 M점에
체류하는 것과 같이 할 수 있다. 이때 체류 시간의 배분은 같
은 그림에 표시되어 있는 그림에 의해서 결정할 수 있다.
　만약 면(AFZ) 위에서 M을 정의한다면 원점 대신에 Z점을
사용해야 하고 또한 이 체류 시간을 원점과 고점에 분할하여
배분하면 M점은 입방체 내부의 점이라고 정의할 수 있다.

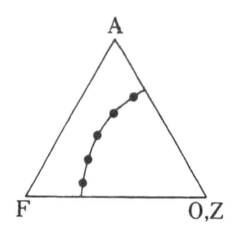

〈그림 5-10〉 한 세그먼트에 5회의 펄스를 발생시키기 위한 전압 벡터의 궤적

　다음에는 벡터의 앞 끝이 입방체면 위를 이동하는 경우를 보도록 하자. 〈그림 5-9〉에서 6개의 화살표로 표시된 전압 벡터가 원 주위를 따라 이동할 때, 횡축에서는 6개의 원주가 흐트러져 있는 것으로 보이지만 OZ 측에서는 서로 잘 접속되어 하나의 완전한 원이 되어 있는 것을 알 수 있다.

　다음에는 이들 원호에 따라서 PWM 하는 방식으로서 하나의 구체적인 예를 살펴보자. 여기서는 세그먼트당 5개의 펄스(6세그먼트, 즉 1회전당 30펄스)를 발생하도록 하였다.

　〈그림 5-10〉에 나타냈듯이 하나의 세그먼트에 5개의 전압벡터를 설정하여 입방체의 정점에 체류하는 시간을 계산하게된다. 벡터가 OAF면으로부터 다음의 세그먼트에 들어갔을 때는 ZFE면으로 이동하는 것이 되고, 잇달아 다음의 세그먼트에서는 OED면을 이동하는 것이 된다. 이와 같이 규칙적으로 스위칭 신호를 발생하는 프로그램을 만들고, 이를 마이컴에서 작동시

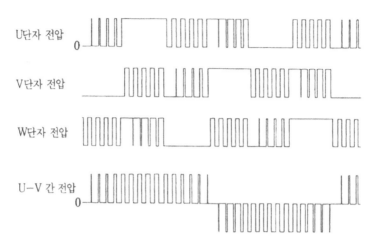

U단자 전압

V단자 전압

W단자 전압

U-V 간 전압

〈그림 5-11〉 각 단자와 단자 간의 전압 파형

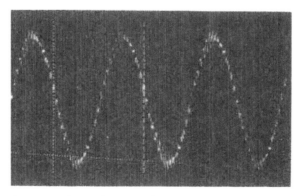

〈그림 5-12〉 괴상철심 로터와 메카트로라보의 스테이터 B
를 조합하여 인버터 운전하였을 때의 파형

키면 결과적으로 〈그림 5-11〉의 PWM 파형을 얻을 수 있다. U, V, W 각 상의 펄스폭 변조(PWM)의 양상을 보면 거기에서 는 정현파를 연상할 수 없지만, U상과 V상의 차를 보면 정현파가 펄스폭 변조 파형으로 되어 있음을 알 수 있다.

〈그림 5-12〉의 사진은 이것과 아주 유사한 전압 파형에 의
해서 메카트로라보의 실험용 모터를 운전했을 때, 모터의 권선
에 흐르고 있는 전류의 파형이다. 정현파에 중첩되어 한 사이
클당 30회의 맥동(脈動) 전류가 포함되어 있는 것을 알 수 있
는데, 한 사이클당 펄스의 수를 더욱 많게 하면 맥동의 진폭이
적게 되어 이상적인 정현파에 가깝게 된다. 즉, 매끈한 전류가
된다.

5.7 파워 일렉트로닉스로 새로운 문제를 제기한다

앞에서 O점과 Z점의 의미의 차이는 후에 설명하겠다고 했
다. 인버터나 H형 브리지 회로 혹은 더욱 그것을 간단히 한
회로에 의해서 모터를 운전할 때에는 상용(商用)전원에서 운전
할 때와는 다른 새로운 문제가 발생한다. 회로의 어스(기준이
되는 전압이 걸려 있는 회로에서 축전지를 전원으로 할 때에는
마이너스 단자가 어스에 접속된다)에 대해서 모터의 권선이 어
떤 전압이 될까 하는 문제가 그 하나이다. 3상 모터의 경우,
권선의 전위를 대표하는 장소는 스타 결선의 경우 3개의 선이
결선된 가장 가운데[이를 중성점(中性点)이라 한다]이다. 델타
결선의 경우에도 가상적인 중성점이라 하는 것이 있는데 원점
을 포함하면서 OZ선에 수직인 면으로부터 각각의 정점까지의
거리가 중성점의 전압에 해당된다. 디지털적으로 정현파를 발
생시킬 때, 권선을 대표하는 중성점이 어떠한 전압 변화를 보
일까 하는 점은 때로 중요한 기술적인 문제가 된다. 입체 모델
을 사용하여 PWM의 신호를 만들면, 각 상의 PWM파형과 이

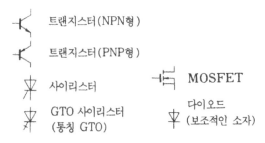

〈그림 5-13〉 모터의 구동 및 제어용 반도체소자

에 상간의 파형이 부가되어 중성점의 전압 변화를 합리적으로 고찰할 수 있다.

5.8 여러 가지의 전력 소자

컨버터나 인버터를 구성하는 반도체소자로는 트랜지스터 이 외에 몇 개의 다른 종류가 있다. 〈그림 5-13〉에서는 이들 각 종 소자를 기호로 나타내었다. 수천 kW짜리의 대형 모터와 같 이 수천 V와 수천 A의 전류를 조정할 때에는 사이리스터나 GTO라 하는 소자가 적당하다. 또한 소형 모터에 적합한 MOSFET이라는 소자가 있는데, 이는 마이컴의 회로와 연결이 용이하고 높은 출력의 초음파 영역에서도 잘 사용할 수 있는 장점이 있다. 또한 MOSFET의 이점과 트랜지스터의 장점을 함 께 이용한 IGBT라 불리는 소자도 있다.

앞서 보았듯이 교류 모터나 브러시리스 DC 모터를 위해서는 최소 6개의 트랜지스터나 MOSFET이 필요하다. 6개를 한 조 로 조립하여 권선을 포함해서 제조한 것을 모듈이라고 한다.

5.9 스마트 파워와 마이컴 제어의 시대

인버터 등 모터를 구동하는 회로의 신호는 디지털의 IC나 마이크로프로세서를 이용하여 만들어진다. 따라서 인버터를 형성하는 반도체와 디지털 IC를 형성하는 컨트롤용 반도체는 서로 다른 것이다. 그러나 최근에는 구동회로와 컨트롤 부분을 하나의 반도체칩 위에 제조하는 기술이 발달하고 있는데, 이 같은 것을 스마트 파워(Smart Power) IC라고 한다. 'Smart'라는 것은 '머리가 좋다'라는 의미로 제어신호를 가공 혹은 연산처리하거나, 또는 소자의 파괴를 막는 방지회로를 갖추고 있다는 것을 의미한다. 물론 마이크로프로세서와 같은 강력한 지혜도 스마트라고 할 수 있지만 아직 수 A의 전류를 스위칭하는 파워 회로나 마이컴을 1장의 실리콘 기판 위에 만들었다는 사례는 들어보지 못했다. 그러나 머지않아 꽤 고도의 두뇌를 가진 스마트 파워 IC가 출현할 것이다.

〈그림 5-14〉의 사진은 메카트로라보 파워 회로로서 마이컴으로부터의 신호를 받는 회로나 트랜지스터를 보호하는 회로를 포함하고 있다. 언뜻 보아 알 수 있듯이 많은 부품(트랜지스터, 저항, 다이오드, 포토커플러, 디지털 IC 등)으로 구성되어 있는데, 이것은 각각의 기능을 이해하기 쉽도록 하기 위하여 일부러 이렇게 만든 것이다. 그런데 여기에 마이컴 등을 포함한 것이 하나의 반도체 기판 위에 만들어지게 될지도 모른다.

소형의 스마트 파워 K의 한 예로 플로피 디스크(Floppy Disk)를 구동하는 모터의 제어용 IC가 있다. 또 모형 비행기에 있는 꼬리날개의 각도를 조정하기 위하여 어린애 손가락 크기 정도의 모터의 전류를 제어하는 것도 스마트 파워이다. 모형

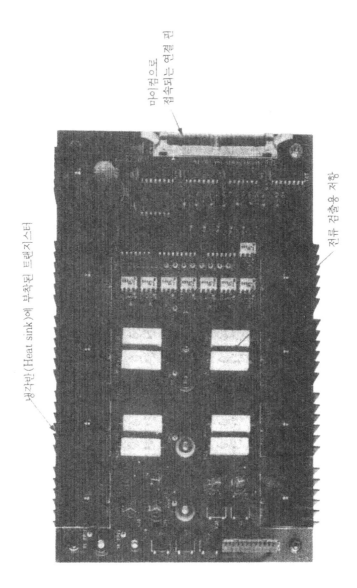

마이컴으로
접속되는 연결 핀

전류 검출용 저항

냉각판(Heat sink)에 부착된 트랜지스터

〈그림 5-14〉 파워 일렉트로닉스 실험용 보드

자동차의 스티어링(Steering)을 제어하는 IC도 스마트 파워로, 실제 자동차의 파워 스티어링에 스마트 파워가 이용될 날도 멀지 않은 것 같다. 아무튼 해가 갈수록 높은 전류를 사용하는 스마트 파워가 출현하고 있기 때문에 장래에는 거의 모든 소형 모터는 스마트 파워로 작동이 제어되게 될 것이며, 이와 같이 모터와 마이컴은 서로 밀접하게 연결될 것이다. 이와 아울러 스마트 파워는 통신 기능을 가지는데, 이렇게 말하는 이유는 로봇과 같이 복수의 모터가 서로 협조하여 작동하도록 할 때, 전체를 관리하는 상위의 마이컴과 각각의 모터를 통제하는 스마트 파워 상호 간에 데이터를 통신을 할 필요성이 생기기 때문이다.

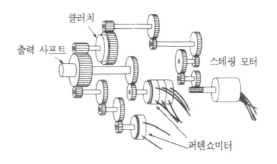

클러치

출력 샤프트

스테핑 모터

퍼텐쇼미터

〈그림 A2〉 행성탐사기 보이저 1호에 이용된 모터

원격 조작하는 모터

태양계의 행성을 탐사하는 우주선에 탑재된 TV 카메라나 그 외의 과학계측기를 멀리서 조작하기 위한 액추에이터(Actuator)로 스테핑 모터가 이용되고 있다. NASA 관계의 자료로부터 추적하여 만든 것이 〈그림 A2〉와 같은 기어(Gear)의 배열과 스테핑 모터이다. 지구에서 수천만 또는 수억 킬로미터 떨어진 우주선에 전파를 보내서 모터를 조작하는 것이다.

마력과 킬로와트

모터의 능력을 나타내는 단위로서 예전에는 마력이라는 단위를 자주 사용하였으나 최근에는 kW 또는 W라고 하는 단위를 사용한다. 우선, 모터에 10V의 전압이 걸려, 2A의 전류가 흐르고 있을 때는 10V×2A=20W가 입력전력이고 만일 이 전력이 모터의 코일이나 철심 등에서 열로 손실되지 않는다면 출력은 20W가 된다. 그러나 모터의 내부에는 열이 발생하기 때문에 이 중 일부분만이 출력되며 그 비율을 효율이라고 부른다. 만약 20W 중에서 5W가 열로 바뀌면 나머지 15W가 출력이기 때문에 효율은 75%가 되는 셈이다.

1마력은 750W의 출력을 말하는 것으로 1㎥의 물을 10m의 높이로 올리는 데 2분 11초를 요하는 능력이다.

　마력이라고 할 때 말의 힘을 연상하지 않는 것이 더 좋다. 무게가 1톤에 가까운 말이 단시간에 시속 100㎞ 정도의 속도로 달린다. 만약 1마력인 청소기의 모터로 0.6t 정도의 경자동차를 구동시킨다면 과연 어느 정도의 속도를 낼 것인가?

　가장 느린 모터

　늦은 회전수는 얼마든지 가능하다. 즉, 정지하고 있으면 된다. 더욱이 스테핑 모터의 경우는 외력에 저항하여 정지한 위치를 유지하려 한다. 기술적으로 어려운 것은 일정한 속도로 천천히 회전시키는 것이다. 아주 간단한 속도제어 방법으로 제4장에서 설명한 태코미터를 속도 센서로 이용하는 방법에서는 무부하일 때 10분에 1회전하는 정도는 쉽게 할 수 있다.

제6장
서보 모터와 제어 시스템을 생각한다

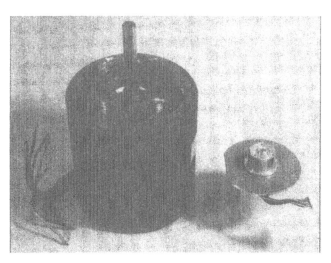

과거의 정보기기용 모터
(좌)방송용 테이프 리코더에 사용된 초기의 히스테리시스 모터
(1985년경), (우)5인치 하드디스크용 스핀들 모터(1985년경)

제어용 모터의 한 종류로서 중요한 것 중에는 서보 모터라고 하는 것이 있다. 간단히 말하면 서보 기능의 구동부에 사용되는 모터를 말하는 것이다. 즉 로봇, NC(수치제어)공작기계, 레이더 추적 장치 등의 자동화기기에서 팔(Arm)이나 피가공물의 위치결정과 속도제어를 위하여 사용되는 모터이다. 여기에는 직류 모터의 구조나 교류 모터의 형식 또는 그 외의 형식인 서보 모터도 있다(그림 6-1).

여기서는 서보 모터의 몇 가지 종류와 그 제어 기술에 대하여 살펴보겠다.

6.1 명령에 충실히 따르는 모터

서보 모터를 말함에 있어서 대체 서보 모터란 무엇이며, 또 어떻게 사용되는지에 대해서 조금 설명해 두겠다.

로봇 관절의 동작속도를 제어하거나 정지 위치를 유지하기 위한 모터야말로 전형적인 서보 모터이다. 인간의 몸에 비유하면 관절에 해당된다. 우리 인간은 약 500개나 되는 관절을 가지고 있고, 의식적 또는 무의식적으로 이들 관절을 일정한 질서하에서 제어하면서 하루하루 생활을 영위하고 있다. 복잡한 NC 기계에서도 여러 개의 서보 모터가 일정한 질서하에서 제어되고 있다.

일반 동력용의 모터는 높은 효율로 거의 일정한 속도에서 큰 힘을 내면서 회전하도록 설계되어 있는 데 반해, 서보 모터는 명령된 동작을 빠르게 수행할 수 있도록 설계되어 있다. 최근에는 로봇 등 하나의 기계에 이용되는 서보 모터의 수가 점점 증가하는 경향이 있는데, 이들은 여러 개의 마이컴을 내장한

〈그림 6-1〉 실험용 서보 모터 세트

제어장치(Controller) 등에 의해서 일괄 제어되고 있다.

서보(Servo) 모터란 Servant의 어간에서 유추되듯이 '주인의 명령에 대해서 충실히 움직이는 모터'를 말한다.

여기서 말하는 명령이란 모터의 회전속도나 회전각(위치) 또는 둘을 조합한 것과 같은 동작에 대한 지령을 뜻한다. '조합'이란 예를 들면 위치의 명령을 시시각각으로 변화시키면 결과적으로 속도도 제어되는 것 같은 경우를 말한다. 물리학을 공부한 독자는 위치를 시간에 대해 미분한 것이 속도임을 상기해 주기 바란다.

따라서 서보 모터에 요구되는 성능은 다음과 같다.

① 넓은 범위의 속도에서 안정되게 작동한다.

② 필요에 따라서 민첩한 동작을 한다. 즉, 모터의 크기에 비교

해서 큰 순발력을 낸다.

③ 정지하고 있을 때는 큰 유지력(그 위치를 유지하려는 저항력)
을 발휘한다.

④ 소형으로 큰 힘을 낸다.

그러나 제4장에서 설명한 레코드플레이어나 테이프 리코더와
같이 정보매체(녹음판 및 테이프)를 일정한 속도로 제어하는 모
터는 서보 모터라고 부르지 않는다. 서보 모터라는 것은 피드
백 제어를 통하여 위치 제어를 할 수 있는 모터이다. 여기서
서보 모터의 종류를 분류하면 다음의 네 가지 형식이 있다.

(1) 종래부터 있던 브러시 부착 DC(직류) 서보 모터

(2) 정류자와 브러시를 전자회로로 교환한 브러시리스 DC 모터

(3) 유도 모터를 인버터로 구동하고 벡터 제어라고 부르는 방법
으로 제어하는 기술

(4) 스테핑 모터에 위치 센서를 넣어 서보 모터로 만든 형식

여기서 하나 덧붙여 언급하면, 스테핑 모터 그 자신은 명백
한 위치 제어용 모터이지만 서보 모터의 일종은 아니다. 이유
는 피드백에 의존하지 않고 마이컴으로부터 디지털 명령을 충
실히 실행하는 것이 전제로 된, 즉 전적으로 지시에 의한 제어
를 하고 있기 때문이다.

6.2 서보 시스템이란?

제4장에서 본 고전적인 방법, 즉 퍼텐쇼미터(Potentiometer)
를 이용하는 방법에서는 위치의 정보가 아날로그 양이므로 제

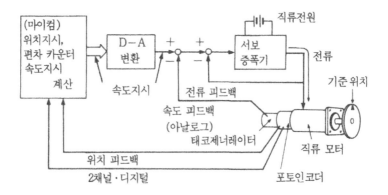

〈그림 6-2〉 DC 서보 모터의 위치를 결정하는 제어 시스템

어가 제대로 안 되는 경우가 생기는데, 이는 퍼텐쇼미터의 전
압이 어떤 이유에서든 변동하기 때문이다. 결국 외견상으로 위
치 정보가 변화하는 것이 되어 곤란해진다. 그래서 최근에는
디지털로 위치 정보를 나타내는 센서가 요구되는데 보드 인코
더(Board Encorder)가 이것의 한 예이다. 이것은 미세한 슬릿
(간격)이 있는 회전원판을 이용하여 모터가 일정 각도를 회전할
때마다 펄스를 발생시키는 기구이다. 서보 시스템에 이용되는
또 하나의 중요한 위치 센서로 리졸버(Resolver)라고 하는 것
이 있는데, 이것은 변압기의 원리를 이용한 것으로 구조는 교
류 모터와 매우 닮았다. 회전각의 정보는 아날로그 양으로 얻
어지지만 그것을 디지털로 변환하여 이용한다.

한편 속도 정보는 위치 정보로부터 연산에 의해 산출하는 방
법과 별도로 태코제너레이터를 붙이는 방법 2가지가 있다. 서
보 모터의 기술에 있어서는 모터뿐만 아니라 이것을 구동하는
전자회로와도 잘 조합시켜 제어하는 것이 중요하다. 그러기 위

해서 전자회로는 모터를 단지 구동하는 것뿐만 아니라 제어를 안정하게 하는 동시에 시스템의 안전을 관리하기 위한 인공지능, 즉 마이컴 및 미니컴을 포함하고 있어야 한다. 〈그림 6-2〉에서는 디지털, 아날로그 혼합 방식을 이용하여 직류 모터로 위치 제어하는 방식을 Block Diagram으로 나타냈다. 여기서는 위치 정보가 보드 인코더로부터 펄스에 의해 디지털적으로 계산되고, 한편 속도 정보는 아날로그의 전압으로 피드백 된다. 이 방식의 수학적인 배경은 다음과 같다. 속도를 시간에 대해서 적분한 것이 이동한 거리이고 그것이 위치에 해당한다. 또 속도의 제어 방법으로는 계산된 위치의 편차(목표와 실제의 차를 펄스 수로 나타낸 값)로 속도의 명령값을 계산하여 이것을 아날로그로 변환하고, 이것과 속도의 피드백이 일치하도록 회로가 작동한다.

6.3 브러시리스화는 필연적이다

브러시와 정류자가 있는 DC 서보 모터를 살펴보면, 운전 중에 이들은 서로 미끄러지면서 접촉을 계속하고 있다. 브러시의 주성분은 탄소로 장시간의 미끄럼 접촉에 의해 마모되며, 마모 속도는 공기 중 수분의 양을 비롯하여 여러 가지 조건에 따라 다르게 된다. 모터의 회전속도가 크면 당연히 마모도 심해지기 때문에 최고속도에 제한이 있고 또 마모가 너무 많이 되었을 때는 새로운 브러시로 교체하지 않으면 안 된다. 옛날에는 모터의 사용빈도가 적었고, 브러시의 마모를 가능한 한 적게 하거나 또는 교환 등의 보수를 전문으로 하는 기술자가 있었다. 그러나 최근에는 모터의 사용빈도가 크게 늘어난 반면 이에 반

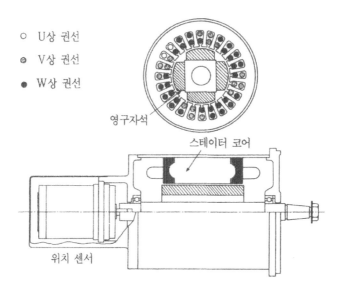

○　U상 권선

◉　V상 권선

●　W상 권선

영구자석

스테이터 코어

위치 센서

〈그림 6-3〉 브러시리스 DC 서보 모터의 구조

비례하여 보수 기술자의 수가 줄어들었다. 따라서 정밀한 로봇에서 모터를 빼내 보수한다는 것은 실제로는 곤란한 문제로 등장하였고, 또한 보수가 가능하더라도 이에 의한 시간적 손실이 크기 때문에 비용이 많이 들게 되었다. 브러시리스 서보 모터에는 브러시가 없다. 〈그림 6-3〉에 나타낸 이의 구조는 기본적으로 3상 교류 모터와 같고, 스테이터에는 통상의 상자형 유도 모터와 동일한 형태로 권선이 있다. 로터에는 영구자석을 이용한다. 영구자석으로는 페라이트와 희토류 자석(사마륨 코발트 자석)이 이용되고 있는데, 사마륨 코발트 자석은 소형으로 큰 회전력을 내기 때문에 로봇의 팔에 설치하는 데 적격이다.

　브러시리스 서보 모터라고 하여도 전원에는 DC(직류)를 사용한다. 그래서 트랜지스터 혹은 MOSFET을 사용한 인버터를 이용하여 직류로부터 변환된 교류를 고정자의 권선에 공급한다. DC 모터라도 코일에는 교류가 흐른다. 하지만 여기서 중요한 것은 브러시와 정류자의 역할로 로터의 현재 위치를 항상 감지하여 최적인 타이밍에서 직류를 교류로 변환하고, 이를 정확하게 코일에 배분하는 것이다. 브러시리스 서보 모터에서는 전용 위치 센서를 로터 축에 부착하여 이것으로부터 얻어지는 정보로 트랜지스터에 의한 스위칭을 제어하고 이에 따라 최적인 주파수와 위상의 교류를 만든다.

6.4 유도 모터를 빨리 움직이는 벡터 제어

브러시리스화의 또 하나 방법이 상자형 유도 모터를 서보 모터로서 이용하는 방식이다. 이 모터는 동력용의 교류 모터 중에서 가장 널리 이용되고 있는 것으로 구조가 간단하고 제조 실적도 많다. 그러나 고도의 서보 모터로서 이용하게 된 것은 비교적 최근으로 이것은 마이컴의 발달에 기인한 것이다. 유도 모터의 성질은 복잡하기 때문에 민첩한 움직임이 기대되는 서보 모터로서는 좀처럼 이용되지 않았다. 그런데 컴퓨터에 의한 계산과 디지털 기술, 그리고 파워 일렉트로닉 기술이 연결되어 직류 모터와 같이 제어를 쉽게 하는 방법이 실용화되면서 서보 모터로서 본격적인 이용이 가능하게 되었다. 이 방법을 벡터 제어라고 하며, 유도 모터의 벡터 제어는 소형보다도 대형 모터에 더 유리하다. 소형의 유도 모터는 효율이 낮기 때문에 강력한 영구자석을 이용한 브러시리스 서보 모터 쪽이 유리하다. 유도 모터는 소형이라도 매분 3,000회전 이상의 고속 운전을 하는 경우에는 영구자석을 이용한 모터보다도 유리한 면이 있다. 이유는 영구자석이 빠른 속도로 회전하면 발전 작용에 의한 역기전력이 전원의 전압보다도 높아지기 때문이다. 따라서 통상의 직류 모터나 브러시리스 DC 모터는 기본적으로 고속 운전에 적합하지 않다. 유도 모터에서는 운전 주파수를 높게 하면 할수록 회전속도가 높아진다.

6.5 소형에 유리한 스테핑 서보 모터

스테핑 모터의 이점은 마이크로프로세서 등의 디지털 신호에 충실히 작동하여 속도나 정지제어가 가능한 것인데 이는 너무 빠르지 않은 범위의 제어에만 국한된다. 스테핑 모터가 민첩한 움직임을 하도록 하려면 로터의 위치를 항상 감지하여 이 정보에 따른 스위칭 신호를 구동회로에 주어야 한다. 이런 스테핑 모터는 일종의 브러시리스 DC 모터이지만 정지된 위치를 유지하는 기능으로 스테핑 모터 고유의 톱니바퀴 정렬력(整列力)을 이용하는 것이 통상의 브러시리스 DC 모터와의 차이점이다. 이것의 불리한 점은 모터 내부에서의 열손실이 조금 큰 것으로 크기를 크게 하여 큰 회전력을 내려고 하면 에너지 효율이 떨어진다는 것이다. 그래서 이 모터는 비교적 작은 모터로 사용되며 고속의 위치결정 제어에 적합하다. 전형적인 용도로는 퍼스널 컴퓨터나 워드프로세서의 하드디스크 장치에서 정보기록용 자기디스크를 일정한 속도로 회전시키는 모터를 들 수 있다. 스테핑 모터의 폐루프 제어(Close Loop 제어)는 의외로 복잡해서 설계한 시스템을 대규모 직접회로에 담아야 하는 사례가 있다.

6.6 모터를 직결구동하여 제어한다

일반적으로 낮은 속도에서 모터의 구동이 어려운 이유는 입력전력이 일보다는 열을 내는 데 소비되기 때문이다. 따라서 대부분의 경우는 모터를 비교적 고속으로 회전한 뒤 톱니바퀴나 풀리 또는 벨트에 의해 감속시켜 이용한다.

그러나 최근 들어서는 벨트나 톱니바퀴를 사용하지 않고 움직이고자 하는 것을 모터의 축에 직접 연결하여 제어하려는 요구가 높다. 이것을 직결구동(Direct Drive)이라 하는데 이 방식에서는 낮은 속도에서 제대로 작동시키는 것이 기본이 된다. 직결구동용 서보 모터는 큰 회전력이 요구되기 때문에 일반적으로 직경이 크며, 여기에는 브러시리스 DC 모터 타입과 스테핑 모터 타입이 있다. 전자는 강력한 영구자석을 이용하여 회전력을 얻는 반면, 스테핑 모터의 방식은 영구자석을 이용하지 않는 형식(제3장 3, 4절에서 설명한 VR형)으로 작은 톱니바퀴를 많이 이용하여 저속에서도 높은 회전력이 얻어지도록 설계되어 있다.

6.7 전 디지털, 소프트웨어 제어의 장점

제어의 정보로서 아날로그를 이용하는 것은 설계 단계 면에서는 비교적 용이하지만, 제조의 최종 단계에서는 저항값을 세밀하게, 그러면서도 많이 조정해 주지 않으면 제조의 최종 단위에서 일손이 많이 가게 된다. 한편 직류 서보 모터에서는 브러시와 정류자 간의 마모가 보수상의 큰 결점이다. 최근 들어서는 마모가 없는 브러시리스 DC 모터의 제어 전체에 디지털 신호를 이용하는 것이 요구되게 되었다. 또한 제어 방법에 있어서도 하드웨어뿐만 아니라 소프트웨어의 이점을 이용하여 여러 목적에 부응하는 유연한 제어 장치를 설계하는 경향이 두드러지고 있다. 하드웨어만의 제어 장치일 경우, 사용조건에 따라 장치의 특성을 변화시키려 하면 회로의 변경, 저항 및 콘덴서의 교환을 하지 않으면 안 된다. 즉, 유연성이 결여된다. 그러나 소프트웨어의 이점은 프로그램의 내용을 변경하는 것만으로 특성에 변화를 부여할 수 있고 따라서 최고속도, 위치 센서의 종류 등에 대해 구동하는 모터의 크기를 자유자재로 대응하게 할 수 있다. 프로그램의 변경은 퍼스널 컴퓨터 등을 이용하여 간단하게 할 수 있는 시대이다. 소프트웨어를 이용하는 또 하나의 이점은 자기진단이 가능한 것이다. 예를 들면, 고장이 일어났을 때 자기진단용 프로그램을 작동시키면 미리 정해진 순서에 따라 회로 상태 및 검사를 자동적으로 행하게 되며, 따라서 보수 기술자의 일을 효과적으로 경감시켜 준다.

6.8 시스템을 발전시켜 효율 좋게 서보를 한다

인간의 육체에는 약 500개의 근육이 있는데, 장대높이뛰기 선수의 경우는 단련된 이 500개의 근육을 최고도로 조정된 운동신경으로 구동하여 6m의 봉을 점프하여 넘는다. 현재의 기술로서 이와 같은 고성능인 로봇을 제작한다는 것은 불가능하다. 물론 공업용 로봇 중에는 10개 가까운 모터로 제어되고 있는 것도 있지만, 인간이나 동물에 비하면 매우 낮은 수준의 하드웨어와 소프트웨어에 의해 간단한 일을 하고 있는 것에 불과하다. 하지만 기계로 된 로봇은 똑같은 일을 계속 반복하여도 싫증을 내지 않고 실수도 거의 없으며, 또한 유급휴가도 요구하지 않는다는 면에서 인간과는 상당히 다르다.

요전에 시즈오카현 키요미즈시의 산보에 위치한 동해대학 해양박물관의 기계수족관에서 물속을 헤엄치는 Mechanimal(기계동물)이라는 것을 보았다. Mecha(기계)와 Animal(동물)의 합성어로 고기나 거북 등의 생물을 기계에 의해 모형화한 것이다. 원래의 고기나 거북에 비하면 움직임이 매우 둔했는데, 그 이유는 먼저 전기적인 모터의 순발력이 근육의 수준에 미치지 못하기 때문일 것이다. 이는 단지 한 개의 직류 모터만을 동력으로 이용하여 수레바퀴와 링크 등의 기구에 의해 고기의 지느러미나 거북의 발에 힘을 전달하고 있기 때문이다. 고기가 위험으로부터 몸을 돌려 피할 때의 그 민첩한 움직임은 지느러미의 운동만이 아니고 몸 전체의 밸런스가 취해진 움직임을 수반하고 있다. 따라서 단순한 기계적인 움직임만으로 이 같은 수준을 얻는다는 것은 불가능하다.

6.9 바이오메커니즘으로부터 배우자

넙치나 가자미가 헤엄치는 것을 관찰하면서 항상 감탄하는 것은 등지느러미를 구성하는 수없이 많은 작은 근육과 작은 뼈들이 서로 다른 움직임을 하면서 전체로는 펄럭펄럭한 하나의 움직임을 만들어 바닷속 모래 위를 움직여 간다는 것이다. 이와 같이 수많은 움직임을 제어하는 지령은 고기의 두뇌로부터 전달되는 것으로 현재 소형 모터와 마이컴 제어에서 이런 것은 불가능하다. 그러나 모터의 응용을 생각하는 데 있어서 생물의 운동은 매우 참고가 되며, 모터의 제어 또한 생물과 같이 복잡하면서 조화가 취해진 것을 지향하여 갈 것임에 틀림이 없다.

이렇게 하기 위해서는 생체기구(Bio-Mechanism)의 연구와 함께 스마트 파워 IC, 즉 마이컴과 같은 기능을 행하는 회로와 전력제어를 행하는 회로를 함께 반도체에 넣은 집적회로의 발달, 고집적 전자회로의 진보, 모터 자체와 이의 제어기술에 대한 연구개발이 기대된다. 즉, 하나의 시스템에 특성이 서로 다른 많은 모터를 배치하고 이들 하나하나에 대한 제어를 한 단계 높은 수준에서 종합 관리하여 전체 시스템이 최소의 에너지로 최단 시간에 목적하는 동작을 수행하도록 하는 제어 방법이 개발될 것이다.

다이나모와 모터

다이나모(Dynamo)라는 것은 발전기(Generator)를 의미한다. 플레밍의 왼손법칙을 이용한 기계가 모터인 반면 발전기는 오른손법칙을 이용한 것이다. 자동차에는 발전기가 탑재되어 있는데, 이 다이나모는 가솔린이나 디젤 엔진으로부터 받은 동력으로 발전하여 축전지를 항상 충전하고 있다. 자전거의 발전기도 영어에서는 Dynamo이다. 지자기가 왜 발생하는가를 설명하는 설에 유명한 '다이나모 이론'이라는 것이 있다. 이것은 지구의 내부에 있는 용융상태의 금속, 즉 전자유체가 미약한 자계 중에서 열로 인한 대류현상에 의해 움직이게 되면 용융금속 내부에는 전류가 발생하게 되는데 이 전류에 의해 강력한 자계가 발생하는 복잡한 발전기의 모델이다.

지상 최소의 바이오 모터(생체 모터)

생체 모터라고 할 수 있는 것 중에서 흥미로운 것으로 박테리아(세균)가 꼬리털을 회전시키는 방법을 들 수 있다. 이 꼬리털은 정자의 꼬리와 마찬가지로 미생물이 물속을 헤엄치는 데 사용하는 도구이다.

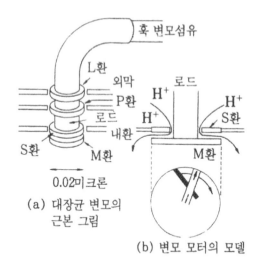

〈그림 A3〉 박테리아의 변모를 회전하는 지상 최소의 모터

 박테리아가 꼬리털을 회전시키는 속도는 초당 100회 정도로 시계 방향과 반시계방향으로의 회전을 자유자재로 조정한다. 꼬리털을 회전시키는 모터는 〈그림 A3〉과 같은 구조라고 생각된다. 훅(Hook)은 꼬리털이 방향을 바꾸도록 내부와 연결하는 털이고, 외측의 막에 있는 링(Ring)은 마모가 전혀 없는 축수(軸受)이고, 내측의 막에 있는 링이 회전을 야기하고 있는 것으로 생각된다. 회전운동이 S링과 M링 사이에 선상으로 늘어서 있는 단백질을 따라 H(수소이온)가 관통할 때 발생한다. 단백질에서는 S상은 흰 띠로, M상은 검은 띠로 표시하고 있지만, 이온은 S링과 M링의 단백질을 연결시키면서 움직이므로 이온의 농도 차이에 따라서 S링의 안쪽으로부터 밖으로 향하여 화살표와 같이 이동할 때 회전이 일어난다. 그러나 어떤 조합에서 역회전이 일어나는지는 아직 알려지지 않은 것 같다. 이 메커니즘이 해명되어 종래의 모터에 비하여 전혀 새로운 원리의 인공 모터가 머지않아 실현될지도 모르겠다.

제7장
작은 모터가 고도 정보화 사회를 움직인다

초음파 모터

자동초점(AF) 렌즈

초음파 모터

옛날에는 전기를 공부하려는 청년은 대부분 모터에 대해 공부를 하였다고 한다. 그런데 최근에는 모터라고 하면 어쩐지 오래된 것 같이 생각하는 반면, 마이컴과 정보라고 하면 시원시원하고 모양새가 좋은 기술처럼 생각하는 사람이 많은 것 같다. 그러나 모터는 오래된 것이지만 항상 새로운 기술에 의해 진보하고 있다는 사실을 여기까지 읽어온 독자라면 이해할 수 있으리라 생각된다. 즉, 모터는 자석 및 철심재료의 발달과 제조기술의 진보에 의해 소형으로 큰 힘을 낼 수 있게 되었을 뿐만 아니라 속도 및 위치(회전각)의 제어기술의 발달에 따라 사용되는 용도가 크게 넓어졌음을 알 수 있다. 그러면 여기서, 소형 모터의 대부분이 지금과 같은 고도의 정보사회와 우리들의 일상생활에 없어서는 안 되는 까닭을 여러 각도로 살펴보도록 하자.

7.1 대량으로 생산되는 값이 싼 직류 모터

기본이 되는 모터는 역시 직류 모터이며 생산량이 가장 많은 것도 아직은 직류 모터이다. 매우 흔한 직류 모터의 구조라도 〈그림 7-1〉에서 보는 것과 같이 그렇게 간단한 구조를 하고 있는 것은 아니다. 구조 자체는 스테핑 모터나 교류 모터 쪽이 오히려 더 간단할지 모른다. 그러나 스테핑 모터가 움직이기 위해서는 전자회로 및 마이컴이 필요하다. 또한 교류의 유도 모터를 전지 등의 직류 전원으로 움직이려 하면 역시 가격이 높은 인버터 등이 필요하고 특히 소형의 경우에는 효율이 낮다. 따라서 종합적으로 보면 직류전원에서 사용할 수 있는 모터 중에서는 역시 직류 모터가 가격이 낮은 것을 알 수 있다.

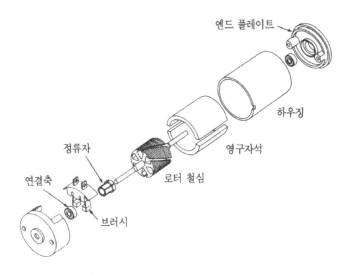

〈그림 7-1〉 소형 직류 모터의 구조

특히 영구자석을 이용한 직류 모터는 소형이지만 힘이 강하고 전력손실도 적으며 그 외에도 전지에 접촉하기만 하면 회전하는 큰 이점이 있다. 그렇기 때문에 자동차, 장난감에는 직류 모터가 압도적으로 많이 이용되고 있다. 어느 업체에서는 하루에 150만 개를 만들기도 했다는데 이를 옆으로 늘어놓으면 약 40 ㎞에 달한다. 만드는 속도 면에서는 마라톤 선수가 달리는 것보다 아직 느린 것 같다. 들리는 바에 의하면 거의 2년 후에는 하루 300만 개를 생산하였다고 하는데 마라톤 선수의 달리는 속도에 조금은 가까워진 것 같다.

직류 모터는 자동차나 장난감에만 주로 사용되는 것이 아니다. 충전형의 전동공구에도 복사기 등의 사무기기에도 대량으로 사용되고 있다. 그뿐만 아니라 종래의 브러시리스 DC 모터와 같이 고급인 것을 사용하는 것이 당연하게 여겨졌던 오디오, 비디오 기기, 퍼스널 컴퓨터, 워드프로세서의 주변기기에도 결국은 직류 모터가 낮은 가격 때문에 사용되고 있다. 단 하나 직류 모터의 결점은 브러시의 마모로 수명에 일정한 한계가 있다는 것이다. 현재의 기술로는 정류자 간에 바리스터라고 하는 소자를 두어 수명을 거의 2배로 연장하고 있다. 이것은 상품의 수명과 밀접한 관계를 갖게 되는데, 1,000시간 정도의 상품 수명을 고려할 때 1,000시간 수명이면 충분한 용도가 의외로 많다. 예를 들어 매일 2시간씩 승용차를 타고 비가 올 확률이 10분의 1이라면 1년 동안 빗속에서 운전하는 시간은 대략 73시간 되는데, 브러시의 수명이 1,000시간이라면 13년 동안 와이퍼용 모터를 교환하지 않아도 문제가 없다는 것이 된다.

소형 직류 모터를 연구의 대상으로 하는 학술연구자의 이야기를 최근에는 거의 듣지 못하고 있다. 그러나 만일 현재의 브러시와 같이 간단한 메커니즘을 이용하여 마모나 노이즈의 발생이라는 문제를 근본적으로 해결한 직류 모터를 발명한다면 대단한 것이 될 것이다. 아직까지 누구도 성공하지 못한 것이다.

7.2 소형이고 강력한 코어리스 모터

직류 모터와 유사한 것으로 고급 모터 중에는 코어리스(Coreless) 모터라든지 무빙코일(Moving Coil) 모터라고 부르는 것이 있다. 코일과 정류자만 회전하고 철심은 회전시키지 않는 모터이다. 지금은 여러 형식의 코어리스 모터가 있지만 크게 나누면 용도와 성능 면에서 3개로 분류된다.

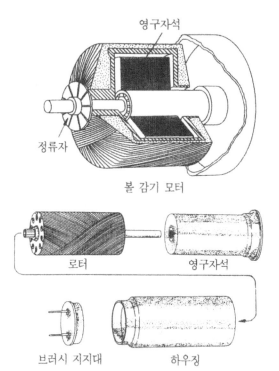

볼 감기 모터

허니캠 감기 모터

〈그림 7-2〉 코어리스, 마이크로 모터

① **코어리스, 마이크로 모터**

가지고 다니는 기기에 사용할 수 있도록 크기를 소형으로 한 모터로서 로터의 코일은 〈그림 7-2〉와 같은 코일의 형식과 코일의 내측에 영구자석을 둔 형식이다. 왜 통상의 철심형 모터보다도 코어리스 모터가 우수한 것일까? 그 이유는 먼저 낮은 전압에서 운전할 때의 브러시와 정류자에 의한 전압 저하를 작게 할 수 있기 때문이다. 코어리스 모터에서는 금속의 브러시를 사용하여 전압의 손실을 최소로 하고 있다. 통상의 슬롯형 모터 쪽이 만들기 쉽고 견고하지만 금속 브러시를 사용하면 불꽃의 발생이 현저하게 많아지므로 마이크로 모터와 같이 소형인 것을 가장 필요로 하는 용도에 사용한다. 대부분의 슬롯형 직류 모터에서는 흑연 브러시를 이용한다. 흑연 브러시와 구리 정류자의 조합은 상관성이 좋고 수명이 길다. 슬롯(홈)이 없고 균일한 공기 간격(공극)에 코일만 회전하는 구조일 경우에는 불꽃 발생이 적기 때문에 금속 브러시를 이용할 수 있다. 금속이라고 하여도 알루미늄이나 철과 같은 금속으로는 수명이 짧기 때문에 고가인 백금, 은, 바나듐과 같은 귀금속을 사용하고 있고 따라서 가격이 높다. 이런 형식의 직류 모터에 있어서 또 하나의 이점은 불균일한 회전이 적게 발생한다는 것이다.

② 고속응답 서보 모터

또 하나의 용도는 움직임이 특히 빠른 제어용 모터이다. 즉 기동, 저속, 감속, 정지의 반복을 빈번히, 그러면서도 민첩하게 제어하는 용도에는 코어리스 모터가 이용된다. 이 모터는 자속을 발생하는 영구자석을 로터의 외측에 두어 충분한 자속을 공급하도록 설계되어 있다. 또한 모터의 움직임이 민첩하기 위해서는 로터의 관성이 낮을 뿐 아니라 자계가 강한 것도 필요한 조건이다. 이 용도의 모터에는 코어리스 모터라고 하기보다는 오히려 무빙코일 모터라고 불리는 것이 많다. 무빙코일(가동선륜)이라는 것은 코일이 움직이는 것을 의미한다. 즉, 철심은 정지해 있고 코일만 회전하는 형식의 직류 모터가 무빙코일 모터이고, 이점은 코어리스 모터와 동일하다. 그러나 자석을 코일의 외측에 배치하는 형식을 내측에 두는 형식(이것이 코어리스 모

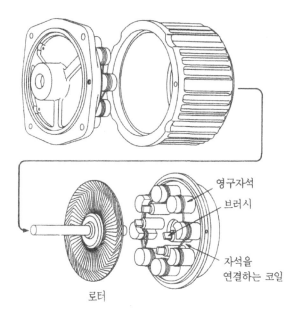

영구자석

브러시

자석을
연결하는 코일

로터

〈그림 7-3〉 프린트 모터

터)과 구별하기 위해서 관습적으로 무빙코일 모터라고 부르는
것이다. 이 형식의 모터에서는 정통적인 흑연 브러시가 이용된
다. 제4장의 〈그림 4-9〉가 이 형식의 모터에 태코제너레이터가
붙은 그림이었다.

③ 프린트 모터

디스크(원반)형의 로터가 회전하는 모터를 프린트 모터라고
부른다. 발명된 당시는 프린트 기판을 제조하는 방법으로 만든
것이기 때문에 이 명칭이 지금까지도 남아 있지만 현재에는 동
판의 타발(Punching: 압축기를 이용하여 어떤 정교한 모양으
로 자르는 것을 말함)과 용접에 의해 만들어지고 있다(그림
7-3).

7.3 미세가공이 생명인 스테핑 모터

여러 종류의 모터 중에서 스테핑 모터는 디지털로 제어되는 일렉트로닉스와 밀접하게 관계되어 있으며, 퍼스널 컴퓨터의 플로피 디스크나 하드디스크 장치에 있어서 정보를 써 넣거나 읽거나 하는 자기 헤드의 위치결정 등에 대량으로 이용되고 있다. 스테핑 모터의 주요 형식에는 VR형, 하이브리드형, 클로폴형이 있다는 것은 이미 앞에서 설명한 바 있다. 그중에서 무엇보다도 스테핑 모터다운 모터라고 하면 역시 하이브리드형일 것이다. 왜냐하면 소형으로 분해능(1회전당 위치가 결정되는 장소의 수)이 높은 모터이기 때문이다. 플로피 디스크에 저장될 수 있는 데이터양을 많게 하기 위해서는 트랙(정보가 기록되어 있는 궤적)의 폭을 좁게 하는 동시에 좁은 트랙 사이에 자기 헤드의 위치를 결정하는 것이 필요하다. 그렇기 위해서는 거기에 사용되는 스테핑 모터의 분해능을 높이는 동시에 위치 결정의 정밀도를 향상시키지 않으면 안 된다. 이 정밀도는 스테이터와 로터의 철심을 프레스에 의해 제조할 때 사용하는 금형 정밀도에 의존하고 있다.

〈그림 7-4〉의 사진은 하드디스크에 사용되는 400스텝의 모터이다. 직경 20㎜의 원 안쪽에 16개의 큰 톱니가 있고 이들 한 개 한 개의 이빨에는 다시 5개의 작은 톱니가 파져 있다. 모터의 1스텝 각도는 0.9도이지만 위치 결정 때의 정확도는 ±2~3%이어야 하므로 톱니 하나의 근처에서는 4~6미크론의 정밀도로 위치 결정을 하지 않으면 안 된다. 그러기 위해서는 규소강판을 타발할 때 사용하는 금형(金型)의 정밀도와 프레스 후의 철심 제작공정에 상당한 주의를 기울일 필요가 있다. 이

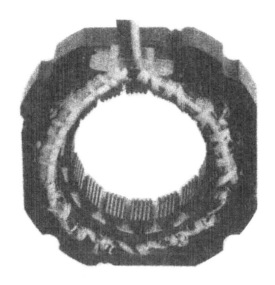

〈그림 7-4〉 하이브리드형 스테핑 모터의 스테이터 철심과 코일

후에도 분해능을 더욱 높이고 그러면서도 정도를 향상시키는 노력이 계속될 것이다.

'스테핑 모터는 마이컴의 보급과 보조를 맞추어 인간 생활의 여러 곳에 이용되는 모터이다'라고 단언할 수 있을 것이다. 스테핑 모터의 초기 역사에 있어서 기본적인 연구를 행했던 사람은 영국 학자이다. 그것을 수치제어기계의 모터로서 이용하거나 컴퓨터의 주변기기인 카드리더(카드 판독장치)나 프린터에 이용한 개척자는 미국의 기술자였다. 1975년경에는 수치제어기계의 동력에 대형 스테핑 모터를 이용하는 것이 절정에 달했었는데 그 이후로는 급속하게 감퇴하고 있다. 최근에는 직류 모터를 대신하여 브러시리스 DC 모터나 교류 서보 모터가 널리 이용되고 있다.

대형 스테핑 모터의 결점은 움직임이 느리고, 진동이 발생하여 효율이 떨어지는 것이다. 생물의 진화 과정 중에서 대형 공룡이 급속하게 멸종한 것과 조금은 닮은 점이 있어 보이는데, 센서와 제어 기술을 이용한 직류 모터의 서보 기술의 급속한 발전이 스테핑 모터의 장점을 무용지물로 만들어 버린 것이다. 그 당시 스테핑 모터는 이것으로 박물관에 들어간다고 단언한 학자가 있었지만, 흥미 있는 사실은 소형 스테핑 모터가 급속히 용도를 확대하여 그 무렵부터 일본이 미국의 뒤를 이어서 생산국이 되었다는 것이다. 마이크로컴퓨터의 출력장치인 프린터나 팩스의 이용이 큰 원동력이 되었다. 플로피 디스크의 출현은 스테핑 모터의 대량생산, 경박단소(輕薄短小)화를 더욱 촉진하였고 이제부터는 자동차나 홈오토메이션(HA) 기기에도 스테핑 모터가 이용되는 시대가 될 것이다.

7.4 브러시리스 DC 모터가 정보 AV기기의 주역

전자기기를 보면 정보의 매체나 데이터를 읽어 들이는 장치를 일정한 속도로 구동하는 것이 매우 많은데 이런 것에는 대개 브러시리스 DC 모터가 이용되고 있다. 예를 들면 다음과 같은 것이 있다. 레코드플레이어의 턴테이블, 테이프 리코더나 VTR의 캡스틴, VTR의 회전 헤드, DAT(디지털 오디오 테이프 리코더)의 회전 헤드, CD플레이어, 플로피 디스크의 회전기구, 하드디스크의 회전기구, 레이저 프린터의 Polygon Mirror(다면체거울)의 회전, 냉각용 팬 등이다. 이들의 용도에 사용되는 모터의 구조상 특징은 모터와 같은 형태를 하고 있지 않다는 것이다. 오히려 프린트 기판 위에 모터가 조립되어 있거나 혹은 회전 헤드 안에 모터가 삽입되어 있는 등의 형식을 갖고 있다.

〈그림 7-5〉 플로피 디스크를 일정한 속도로 돌리는 편평형 브러시
리스 DC 모터

예를 들어 〈그림 7-5〉의 사진은 플로피 디스크 장치이지만 프린트 기판 위에는 6개의 코일을 포함하여 구동회로, 홀 소자 등 50점 이상의 부품이 넣어져 있다. 〈그림 7-6〉은 전자기기를 냉각하기 위해 바람을 보내는 팬이다. 외측 로터형으로 팬 그 자신이 로터의 일부분이 되어 회전한다. 로터의 원통형 자석 내측에 스테이터의 철심(코어)과 코일 그리고 구동회로까지 넣어져 있다. 제4장의 〈그림 4-7〉은 턴테이블의 회전용 브러시리스 DC 모터의 구조를 나타내고 있다. 플로피 디스크를 구동하는 모터와 같이 프린트 기판에는 속도 감지를 위한 센서 회로뿐 아니라 모터도 넣어져 있다.

7.5 리니어 모터와 플레이너 모터

이 책에서는 주로 회전운동을 하는 모터에 대해서만 언급하여 왔다. 이것을 영어로 로터리 모터(Rotary Motor)라고 하는데 이에 대해 외선운동을 하는 모터를 리니어 모터(Linear Motor)라고 부른다. 앞에서 수요가 많은 직류 모터를 연구하는

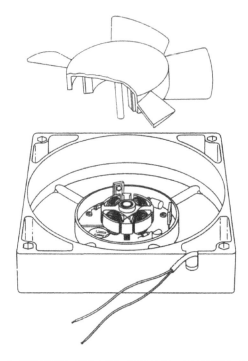

〈그림 7-6〉 전자기기의 냉각 팬을 구동시키는 브러시리스 DC 모터

학자가 적다고 말하였지만 아직은 큰 수요가 없는데도 불구하고 연구자가 많은 것이 리니어 모터 분야이다. 연구자에게는 꿈이 있는 모터이기 때문일 것이다. 로터리 모터를 매우 많은 종류로 분류할 수 있는 것과 같이 리니어 모터도 이론적으로는 여러 종류가 있을 수 있다. 그러나 실제적인 문제로 아직까지 실용적인 의미를 갖는 리니어 모터의 형식은 한정되어 있는 것 같다. 먼저 하나는 신칸센보다 빠른 속도의 고속철도에 사용되는 리니어 모터이다. 로터리 모터에 의해 차바퀴를 회전시켜 레일과의 마찰에 의해 달리는 것은 마치 고속 대량수송의 역할

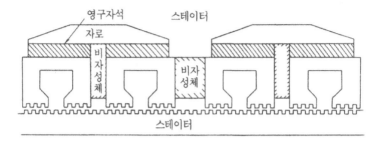

〈그림 7-7〉 리니어 형식의 하이브리드형 스테핑 모터

을 제트기에 넘겨 줄 수밖에 없었던 프로펠러 비행기의 한계를 보는 것과 비슷한 것이 아닌가 생각된다. 철도의 리니어 모터는 유도 모터로서 차체를 레일로부터 약간 띄워 비행기와 같이 고속으로 날게 하려는 원리를 이용한 것이다. 부상을 위해서는 강력한 자계가 필요한데 초전도 자석을 이용하는 연구가 진행되고 있다. 이 부분에 대해서는 『자석의 ABC』라는 책에 상세히 설명되어 있으므로 참조하길 바란다. 한편 비즈니스의 현장이나 개발연구의 현장에서 리니어 모터를 이용하려고 할 때 부딪치는 기술적인 문제점은 이와는 상당히 다르다. 모터의 종류로 말하면 스테핑 모터와 브러시리스 모터이다.

① 플레이너 모터

리니어 모터를 2개 조합하여 평면(Plane)을 움직이도록 한 것이 큰 그래프 플로터(Graph Plotter)로서 사용되고 있다. 각각의 리니어 모터는 제3장 3.4절에서 설명한 원리를 이용한 것으로 〈그림 7-7〉과 같은 단면구조의 스테핑 모터이다. X방향으로 진행하도록 배치된 2개의 리니어 모터와 Y방향으로 움직이는 2개의 리니어 모터를 조합시켜 슬라이더를 만든다. 자유

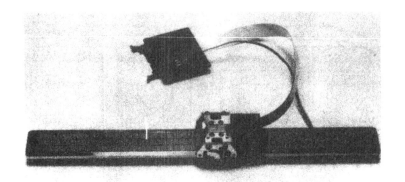

〈그림 7-8〉 브러시리스 DC 서보 모터로 제어되는 리니어 모터

자재로 평면을 움직이므로 리니어 모터가 아니고 플레이너 모 터라고 부르는 편이 낫다.

스테이터는 가로 1m, 세로 2m 크기의 1배 혹은 2배 정도 의 크기이며 여기에 1㎜ 정도의 간격으로 홈이 가로세로로 있 다. 그러나 홈이 수지(樹脂) 등으로 충전되어 있어 실제로는 평 면으로 보인다. 큰 판으로 된 스테이터에 플레이너 모터인 슬 라이더를 늘어뜨리는데 여기서 슬라이더는 회전형 모터의 로터 에 상당하는 부분이다. 단 이 모터는 영구자석을 갖고 있어 스 테이터와 슬라이더는 서로 강한 자력으로 인해 붙어버리기 때 문에 슬라이더에 압축공기를 보내는 구멍을 만들어 수 미크론 의 공극을 만든다.

이 모터의 용도는 마이크로프로세서나 ASIC(표준품은 아니고 사용자의 사양에 맞추어 설계한 대규모 집적회로)의 제조공정 에서 회로의 패턴을 그리거나 복잡한 건축물의 설계도면을 그 리는 플로터(Plotter)이다. 물론 도면을 그리기 전에 계산이나 설계는 컴퓨터가 한다. 정전기를 이용한 플로터도 제조되었다.

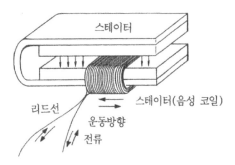

〈그림 7-9〉 음성 코일 모터의 원리

〈그림 7-8〉은 슬라이더에 위치 센서를 부착한 리니어 모터로 역시 스텝핑 모터 형식이다.

② 리니어 DC 모터

소형 정밀 모터 중에서 또 하나 중요한 리니어 모터는 브러시가 없는 직류 모터지만 브러시리스 DC 모터라고는 부르지 않는다. 일종의 코어리스 모터로 보이스 코일(Voice Coil) 모터로 알려져 있다. 보이스 코일이란 원래 스피커 원리의 일종으로 이용되는 코일로, 이 코일에 흐르는 보이스 주파수의 전류와 자계를 이용하여 코일이 진동하고 그 움직임을 스피커의 진동막에 전달하는 것이다. 플레밍의 왼손을 작용한 이 원리는 특수한 모터나 액추에이터로서도 이용되고 있다.

여기서는 〈그림 7-9〉에 그려져 있는 것과 같이 영구자석의 자계 안에서 일정한 범위로 코일이 좌우로 움직이게만 하면 된다. 움직이는 거리가 길어 전원과 코일을 접속하는 전선이 길게 되면 이 전선과 함께 움직이는 것이 불편해지기 때문에 브러시를 사용할 필요가 있을지 모른다. 그러나 짧은 거리를 움직이는 경우라면 전선을 슬라이더와 함께 움직이도록 하는 것이 가능하다. 보이스 코일 모터의 용도로는 컴퓨터 하드디스크 장치에 있는 자기 헤드의 위치 결정 제어를 들 수 있다. 앞에서의 스테핑 모터보다도 고속으로 움직이므로 정보처리가 빠른 퍼스널 컴퓨터나 워드프로세서에 매우 적합하다. 단 스테핑 모터에 비하면 위치 센서가 어떤 형태로든 필요하므로 가격이 높다.

7.6 새로운 모터의 가능성은

지금까지 여러 가지 모터에 대해서 설명하면서 원리, 특징, 이용 분야 등을 봐 왔지만 이외에 다른 새로운 모터 원리에는 어떤 것이 있는지 살펴보자.

① 빛이나 열에너지를 직접 회전운동으로 변환하는 모터

물질의 자화강도가 〈그림 7-10〉의 (a)에 그려져 있는 것처럼 온도에 의해서 급격하게 변화하는 현상을 이용하면 열에너지를 운동에너지로 직접 변환시킬 수 있다는 사실은 이전부터 알려져 있었다. 그 원리를 쉽게 설명하고 있는 것이 (b)이다.

자계로 둘러싸인 곳에 이런 성질을 갖는 물체가 로터로서 놓여 있고 한쪽에는 그림과 같이 고온의 열원이 있다고 가정하자. 고온 부분은 자화상태가 약한 반면 저온 부분은 강하게 자화된다. 그러면 자석으로부터 나온 자력선은 강하게 자화된 저온 부분을 더 많이 통과하려고 하기 때문에 자력선은 우측으로 휘게 된다. 제2장의 〈그림 2-4〉의 설명과 같이 자력선은 고무끈과 같이 장력을 갖고 있는 것처럼 작용하므로 물체는 좌측으로 힘을 받는다. 이 힘에 의해 회전하여 로터에 결합된 부하가 일을 하면 기계적 에너지가 발생한 것으로 생각할 수 있으며, 이 에

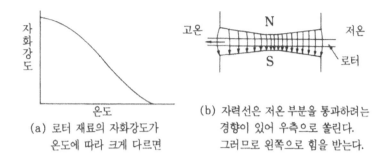

(a) 로터 재료의 자화강도가
온도에 따라 크게 다르면

(b) 자력선은 저온 부분을 통과하려는
경향이 있어 우측으로 쏠린다.
그러므로 왼쪽으로 힘을 받는다.

〈그림 7-10〉 자화강도가 온도에 따라 크게 변하는 성질은 열에너지를 기계
에너지로 직접 변화시키는 데 이용할 수 있다

너지는 열원의 열에너지의 일부가 변화한 것으로 해석할 수 있
다. 이 원리에 매우 가까운 모터의 사례를 2가지 소개하겠다.

● 광 모터

일본방송협회(NHK)의 쓰시마 타로(對馬國 太郎) 씨가 시작
(試作)한 광 모터는 어려운 단어를 사용하면 '스핀(Spin) 재배
열'이라고 하는 자기적 현상을 이용한 것이다. 제2장에서 자계
를 이용하는 모터의 원리는 궁극적으로 1개의 원리에 귀착하는
것을 지적하였다. 거기에서는 자계와 스핀의 작용에 대해서 논
의하였다. 스핀이란 것은 전자의 자전운동과 같은 것으로 보통
의 철이나 모터의 철심에 사용하는 규소강판에서는 코일의 전
류에 의해 생기는 자계의 영향으로 스핀 배열이 변화한다. 그
리고 이 현상을 이용하여 강한 자계를 발생시킴으로써 모터의
회전운동이 유지되는 것이다. 그런데 어떤 자성체에서는 열에
의해서 스핀의 배열(즉, 자화의 방향)이 변화하는데 이 현상을
이용하면 외부의 자계를 작용시키는 것에 의해 열에너지를 직

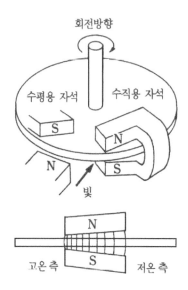

〈그림 7-11〉 광 모터의 기본 구조

접 기계적 일로 변환하는 모터를 만들 수 있다. 이의 기본 구조를 〈그림 7-11〉에 나타냈다.

비자성체이고 방열성이 좋은 재료로 회전원판을 만들어 그 주변에 스핀 재배열을 야기하는 자성체를 붙인다. 자화는 상하 방향으로 시키는데, 스테이터에는 두 쌍의 자석을 그림과 같이 한쪽은 수직 자계, 다른 쪽은 수평 자계가 되도록 배치한다. 그러면 그림과 같이 빛에 의해 열에너지를 가한 부분에서는 스핀 재배열에 의해 자화가 수평이 되고, 따라서 수평용 자석에 의해 힘을 받아 원판이 회전한다. 또 열원으로부터 떨어진 곳에서 발생하는 수직 자화는 수직용 자석에 의해 같은 방향으로 힘을 받는다. 수평 방향으로 향한 자화는 냉각 후 다시 수직으로 돌아온다. 매우 흥미 있는 모터이지만 아직까지 실용화에

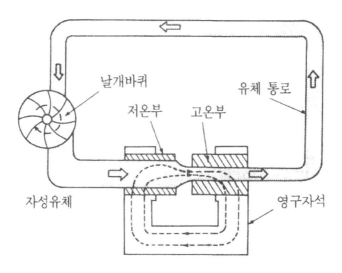

〈그림 7-12〉 자성유체로 열에너지를 기계적 에너지로 직접 변환
시킴으로써 날개바퀴를 회전시킨다

대한 이야기를 할 수 없는 이유는 효율이 좋지 않고 또 스핀의
배열을 변화시키기 위해 고온이 필요하기 때문이다. 그러나 현
재에는 응용에 곤란할지 모르지만 향후의 발전을 기대해 볼 만
하다.

● **자성유체를 이용한 모터**

지금까지의 설명에서 모터의 회전 부분은 항상 고체였다. 그
러나 최근 들어 액체가 회전하는 모터에 대한 새로운 가능성이
조금씩 주목받고 있다. 자성 재료의 미립자를 물이나 기름 중
에 분산시킨 것이 자성유체로 유체 자신이 자성을 갖고 있는
것과 같은 성질을 나타낸다. 최근 과학기술처 금속재료연구소
가 시작한 장치는, 어떤 종류의 자성유체에 있어서 자화현상이
온도에 따라 변화하는 것에 착안한 것으로 〈그림 7-12〉와 같

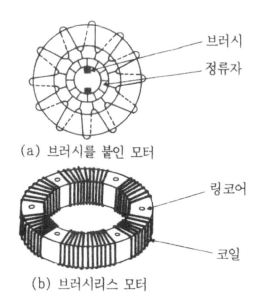

(a) 브러시를 붙인 모터

(b) 브러시리스 모터

〈그림 7-13〉 브러시를 붙인 링코어, 토로이달형으로 감은 아마추어와
브러시리스 DC 모터의 구조

은 구조로 날개바퀴를 돌리는 것이다. 여기서도 외부 자계의
기울기와 온도차를 이용하여 기계적 힘을 발생시킨다. 용도로
는 무소음으로 태양열을 흡수하거나 전기기계에서 나오는 열을
이용하여 팬 모터를 돌리는 것들을 들 수 있다. 그러나 아직까
지는 장치의 크기에 비교하여 얻어내는 에너지가 작다는 것 등
해결해야 할 문제가 있다.

광 모터나 자성유체 모터 모두에 있어서 또 하나의 결점은
열적인 사이클의 주파수를 높게 할 수 없다는 것이다. 즉, 코일
에 교류의 전류를 흘려 철심이 자화되는 방향을 변화시킬 때에
는 상당히 높은 빈도(예를 들면 1초 동안에 수만 회)가 가능하

다. 그렇기 때문에 고속회전으로 효율이 높은 모터가 가능하다.
그러나 물질의 온도를 1초 동안에 수십 회의 빈도로 효율 좋게
변화시키는 것은 극히 어려우며, 따라서 열에너지를 이 원리에
따라 기계적 일로 변환하는 모터는 기본적으로 저속용 모터가
될 수밖에 없다.

② 링코어 모터(Ring-Core 모터)

모터의 발전 역사 중에서 이탈리아의 물리학자인 파치노티
(A. Pacinotti, 1841~1912)가 1860년에 고안한 환상 코일과
많은 정류자편을 갖는 직류 모터(〈그림 7-13〉의 ⓐ 참조)는 실
용적인 모터로서 높은 평가를 받았지만 그 후는 큰 발전을 보
지 못했다. 그런데 시대가 변화하여 새로운 기술과 용도가 생
겨남에 따라 〈그림 7-13〉의 ⓑ와 같은 브러시리스 DC 모터의
스테이터 구조로서 주목을 받는 모터가 되었다. 〈그림 7-14〉의
사진과 단면도는 레이저 프린터의 Polygon Mirror 회전용 모
터이다. 이 브러시리스 DC 모터의 구조가 매우 간단하다는 것
이 다음의 각 부분에 대한 설명에서 명확하게 될 것이다.

　-스테이터의 코어(철심)는 장방형 단면의 링이다.

　-권선은 이 링에 6개의 코일을 단층으로 감은 것뿐이다.

　-볼 베어링을 사용하지 않고 공기 베어링을 이용하고 있다.
모터가 회전하기 시작하면 축에 얕게 파져 있는 홈(Groove)에
의해 공기가 축과 하프의 미소 간극에 빨려 들어가게 되고 얇
은 공기층이 마찰이 없는 베어링의 역할을 한다. 그래서 매초
400~500회전의 속도로 안정되게 회전할 수 있다. 이 모터의
또 하나의 특징은 코일의 이용률이 좋아 효율이 높은 것인데
이는 로터의 영구자석이 내측과 외측에 있어 플레밍의 왼손법

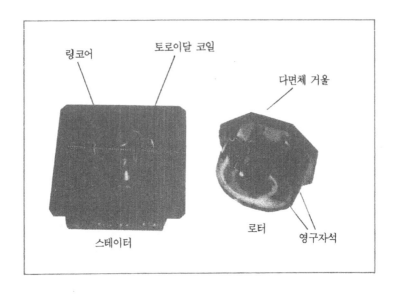

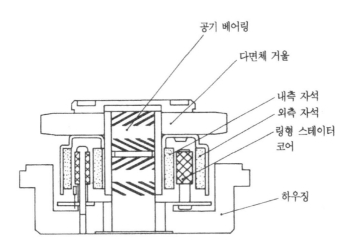

〈그림 7-14〉 토로이달 코일과 공기 베어링을 이용한 브러시리스 DC
모터(후지제록스 생산기술연구소 제공). 레이저 프린터용 다면
체 거울을 매분 2만 회 이상 돌린다

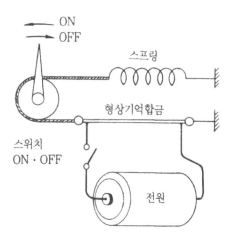

〈그림 7-15〉 형상기억합금을 이용한 모터의 원리

칙에 따른 회전력이 코일의 대부분에서 얻어지기 때문이다.

③ 형상기억합금 모터

어떤 종류의 합금에서는 변형을 시킨 후 열을 가하면 원래의 모양으로 되돌아가는 성질을 갖고 있는 것이 있는데 이를 형상기억합금이라 부른다. 니켈과 타이타늄 합금(니티놀)이나 동, 아연, 알루미늄 합금(베타로이) 등에 이 성질이 있다. 브래지어에 사용하면 여성의 가슴 형상을 기억할 수 있다는 것으로 화제가 된 적이 있다. 이 형상기억의 성질을 이용한 모터(액추에이터)가 개발되어 있다. 예를 들어 〈그림 7-15〉를 보자. 형상기억합금이 통상의 스프링에 의해 냉각될 때는 늘어나는데 이 특수합금에 전류를 흘려 가열하면 합금은 원래의 형상으로 돌아가기 위하여 수축한다. 이 그림에서는 전류의 ON, OFF에 따라 풀리가 좌우로 일정한 각도로 회전하게 된다. 이를 개발한 목적은 로봇의 팔이나 손과 같이 좁은 장소에서 많은 자유도의 동작을 필요로 하는 곳에 이용하기 위해서이다. 그러나 이 역시 온도의 변화를 이용하는 모터이므로 동작의 속도에는 한계가 있다.

④ 정전기 모터는 과연 가능한가

제2장에서 전계와 전하의 사이에 움직이는 힘을 이용한 모터가 지금까지 실현되지 않았다고 언급했다. 통상의 모터와 같은 정도의 크기로 정전기 모터를 만들려고 하면 어떻게 해도 무리가 따른다. 그러나 매우 미세한 모터를 만들려고 하면 반대로 자기를 이용한 모터로는 곤란하게 된다. 정전기의 근원이 물체의 표면에 분포하는 전하이므로 물체가 작을수록 단위 체적당의 표면적이 크게 되고 따라서 많은 정전기를 얻을 수 있다. 그러면 정전기가 유효하게 되는 크기는 약 1㎜ 이하로 캘리포니아대학 버클리 학교의 리차드 아라 교수가 이 같은 모터의 시작에 성공하였다고 하는 신문 기사가 있다. 그 구조는 〈그림 7-16〉과 같은 것이다.

제3장에서 소개한 메카트로라보의 스테이터 B와 로터 7을 이용하면 릴럭턴스형의 스테핑 모터가 구성되는데 이것과 동일한 원리를 정전기의 스테핑 모터가 응용한 것이라고 생각된다. 즉, 중앙의 로터는 유전율(전속을 통하게 하는 성질)이 높은 물질로, 이것의 톱니가 스테이터에 있는 톱니의 전극에 끌리는 현상을 이용하는 것이다. 로터의 직경은 60마이크로미터, 두께는 그것의 1/30로 만 개 이상을 동시에 움직여도 전력은 연필 깎이를 쓸 때와 거의 비슷하다. 응용으로는 현미경을 사용하는 미세수술(Micro-Surgery)이 있다.

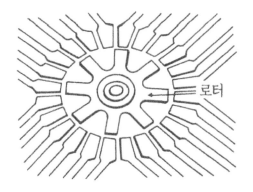

〈그림 7-16〉 캘리포니아대학에서 시험 제작한 정전기 모터

⑤ 세라믹 모터와 초음파 모터에 기대한다

이와 같이 여러 가능성이 있지만 비교적 가까운 장래에 용도가 넓어지리라고 생각되는 것이 제2장의 9절과 10절에서 설명한 세라믹 모터와 초음파 모터이다. 그러기 위해서는 세라믹과 진동판에 사용되는 금속재료에 대한 지속적인 연구 등 기초적인 탐구가 축적되는 것과 동시에 세라믹 모터, 초음파 모터가 아니면 안 되는 용도에 대한 개척이 필요하다. 트랜지스터 회로에 의해서 직류 모터의 브러시 기능을 대행할 수 있고, 또 마모나 수명의 문제가 해결되는 것은 모터의 기술자라면 누구라도 쉽게 이해할 수 있다. 독일제 브러시리스 DC 모터가 일본에 들어오고부터 그것이 레코드플레이어 등 오디오 기기와 OA기기에 대량으로 이용될 때까지 10년 가까운 세월이 필요했다. 용도의 가능성이 막연하다고 생각하는 동안은 아직 기초연구가 진행되는 시대인 것이다.

7.7 사업가의 강한 의지가 모터를 보급시킨다

마지막으로 에피소드 하나를 소개하고자 한다. 저자가 소형 모터 연구의 길에 들어선 것은 24세 때이다. 동경 올림픽이 열려 동해도 신칸센이 개통한 해로 음향기기 업체에 입사하여 모터의 개량업무를 맡고 있었다. 그로부터 2년 후, 직업훈련대학교에 부임하여 4학년으로 올라가는 10명의 학생들을 상대로 모터에 대하여 강의할 기회를 갖게 되었는데, 그 시대는 아직도 교류 모터가 전성이었던 시대로 화제도 주로 이에 관한 것이었다. 그런데 당시 샘플로 가지고 있던 모터 중 1개만이 독일제 브러시리스 DC 모터였다.

강의 후 9명의 학생은 당연한 강의를 들었다고 하는 모양으로 돌아갔는데, 마지막으로 교실에 남은 한 학생이 내게 와서 브러시리스 DC 모터에 대해서 알고 싶다고 하는 것이었다. 그리고 그때 내 손안에 있던 하나의 모터가 그의 인생을 결정해 버렸다. 그는 졸업연구를 내 밑에 와서 하고, 졸업 후 내가 거쳐 온 것과 같이 오디오 기기 업체에 취직하여 테이프 리코더용의 모터 설계와 제조를 배웠다. 그는 현재 하드디스크용 브러시리스 DC 모터에 있어서 세계 제일의 업체에 사장인 나가모리 시게노부(永守重信) 군이다. 그는 브러시리스 DC 모터의 용도를 개척하여 그것을 제조하고, 그 분야에서 고용을 창출하는 것에 특히 강한 의욕을 갖고 있었으며 그것을 실제로 실현시켰다.

이 책에서는 여러 모터의 원리 및 구동, 제어기술을 해설하여 왔다. 저자의 당연한 바람은 본 책자가 이 분야의 연구에 흥미를 갖고 있는 사람들에게 공부의 계기가 될 수 있는 책이 되는 것이다. 그러나 동시에 새로운 것의 수요를 만드는 것은 결단력이 있는 사업가나 유능한 엔지니어의 의지에도 크게 좌우된다는 점을 부가하여 말하고 싶다.

스테핑 모터가 컴퓨터 주변의 입출력장치에 이용되기 시작하여 이윽고 퍼스널 컴퓨터의 주변기기에 대량으로 이용되게 된 것은 이 모터가 그 용도에 가장 적합하기 때문이지만 한 개인의 의지가 강하게 작용했다는 것도 무시할 수 없다. 그 사람은 IBM의 엔지니어였던 폴렛코(Pawletko) 씨로, 만약 그가 아메리카에 이민하지 않고 폴란드에 남아 있었다면 스테핑 모터의 보급은 훨씬 더 늦게 이루어졌을 것임에 틀림없다.

사시다(指田) 씨에 의해 발명된 초음파 모터의 보급에 대해서도 엔지니어와 사업가의 정열이 무엇보다도 기대되고 있다.

가장 복잡한 모터

모터는 원래 그렇게 복잡한 기계가 아니다. 오히려 단순한 구조를 하고 있다. 그런데 놀랍게도 복잡하게 미세 가공된 모터가 있다. 10여 년 전에 잠깐 본 바 있는 영국제 모터로서 영국이 자랑하는 수직 이착륙 전투기 등에 탑재되어 있는 교류 서보 모터 같았다. 직경 6~7㎝의 원반형 스테이터가 있고, 그 외측을 얇은 링 모양의 로터가 회전한다. 그리고 이것 3개가 입체적으로 조합되어 한 조가 된다. 스테이터에는 미세한 수백 개의 홈이 있고 거기에는 보석세공과 같이 정밀하게 코일이 배치되어 있었다. 동일 중량의 은에 비하여 훨씬 고가일 것으로 상상이 되지만 이에 대한 자료를 입수한다는 것은 거의 불가능할 것이다.

가장 빠른 모터

가장 회전이 빠른 모터라고 하면 어쩌면 미사일의 궤도제어용 자이로에 이용되는 히스테리시스 모터일 것이다. 즉, 고속 회전하는 팽이로 우주공간에서 일정한 자세를 유지하려고 한다. 비록 1000Hz로 작동시킬 경우에는 초속 1,000회전에 매분 6만 회전을 할 수 있고, 3kHz에서도 전기적인 문제가 거의 없기 때문에 매분 18만 회전 정도를 하는 것도 있을 것이다. 치과의사가 사용하는 그라인더용 모터는 고속으로 매분 6만 회전이라 한다.

맺음말

명탐정 셜록 홈스가 활약하는 『바스카빌가의 개』 이야기 중에서 찰링 크로스라고 하는 거리의 이름이 나오는 것을 아마도 여러분은 기억하고 있을 것이다. 찰스 디킨스의 명작 『데이비드』에서도 찰링 크로스 호텔의 로비가 등장하는데 이 호텔은 런던에 있는 유명한 템스 강 근처의 종착역 부근에 있었다. 처음 런던을 방문했을 때 필자도 그 호텔에서 묵었다. 거기서 클레오파트라의 방첨탑을 오른편으로 보면서 아담한 빅토리아 엠바크멘트 공원을 가로질러 하류로 내려가면 영화 『애수』의 무대가 되었던 워털루 다리에 도달하게 된다. 영국 전기학회의 빌딩은 템스 강을 앞으로 보면서 이 다리 기슭에 세워져 있는데, 공원에서부터 이 빌딩 안으로 들어가면 호화스러운 대리석 바닥과 기둥에 위엄을 느끼게 된다.

이 빌딩의 현관 홀에는 런던 교외에 있는 대장장이 집에서 태어나 인쇄소의 사환으로부터 출발하여 드디어 전기화학과 물리학에 위대한 업적을 남긴 패러데이가 대리석상으로 세워져 있다. 옆에는 에든버러의 유족으로 태어나 패러데이의 전자유도 실험을 기초로 전자파의 존재를 이론적으로 예언한 맥스웰의 흉상도 높이 세워져 있다. 그리고 주위의 작은 방들에는 재미있는 모양을 하고 있는 여러 종류의 소형 모터 및 부품들이 전시되어 있다. 1층으로부터 2층까지 칸막이를 터서 통하게 한 오디토리움(회당)은 많은 초상화가 벽면을 장식하여 위풍당당하게 보인다.

1976년 3월 31일 이 빌딩에서 소형 모터에 관한 국제회의
가 열렸다. 이 국제회의에서 가장 열기 있게 토의가 진행되었
던 분야는 스테핑 모터의 성능에 관한 기본적인 문제였다. 철
심의 자기적 성질이 회전력에 어떻게 관계하는가가 주요 관심
사였던 것 같았지만, 애석하게도 당시에는 본고장의 영어 토론
을 들어 이해할 능력을 필자는 갖고 있지 않았다. 그때 뒤에
앉아 있었던 스즈키 씨라는 히다치 계열 업체의 엔지니어가 나
의 귀에 속삭였다. "겐죠(見城) 씨 이제부터는 스테핑 모터의
시대입니다." 동경에 돌아와 즉시 스테핑 모터의 전문서적을
써야겠다고 결심했다. 그래서 먼저 스테핑 모터의 역사를 조사
하기 시작했다. 이 국제회의에서 알게 된 영국 선생으로부터도
도움을 받았는데 이로부터 온 문헌과 자료들은 매우 귀중한 것
이었다.

1927년에 발행된 문헌에 「군함에 있어서 전기의 이용」이라
는 기사가 있었다. 이것에 실려 있던 그림의 하나가 제2장에
인용한 〈그림 2-5〉로 이것이 한참 뒤에 산업에 이용된 스테핑
모터의 기본 구조이다. 이 모터의 원리는 원래 오래전부터 알
려져 있었지만 발명자의 이름 등은 확실하지 않다. 조사를 더
욱 진행시켜감에 따라 스테핑 모터의 성능을 개선하는 2개의
중요한 발명이 1919년과 그다음 해에 영국에서 이루어져 특허
로 등록된 것을 알았다. 그런데 이 발명을 이용한 스테핑 모터
를 NC공작기계에 유효하게 활용하여 중요한 산업을 육성하고
경제적 효과를 높인 것은 40여 년이 지난 뒤의 일본이었다. 스
테핑 모터에 대한 전문서를 추이므라 요시히사(對村佳久) 씨(일
본의 스테핑 모터 개척자 중의 한 사람, 산요전기(山洋電氣,

SANYO DENKI CO., LTD.) 임원, 1935~1985)와 공동으로 집필한 다음, 1984년에 필자의 연구 결과 등을 포함하여 영어로 집필된 또 한 권의 책이 『Stepping Motors and Their Microprocessor Control』이라고 하는 제목으로 옥스퍼드대학을 통해 출판되었다.

이 책의 제1장에 있는 역사는 꼭 영국인에게 읽혔으면 하는 생각을 갖고 썼다. 발명에 우수한 재능을 갖고 산업혁명을 세계에 제일 먼저 전파시킨 민족이 왜 지금은 산업에 있어서 학생과 같았던 일본에 완전히 추월되어 버렸는가? 이 의문을 머리에 간직하면서 써내려갔다. 모터의 사이언스 면에서 위대한 업적을 남긴 인물을 많이 낳았던 영국이 산업용 소형 모터 분야에서는(군용과 항공기용을 제외하고) 완전히 쇠망하였다. 세계 최초의 소형 모터에 관한 국제회의도 영국의 민수산업을 활성화하는 계기는 되지 못한 것일까? 스테핑 모터만이 아니고 일본은 군사, 항공 등 특별한 것을 제외하고, 모터의 모든 분야에서 지금 세계 제일의 생산량과 질을 자랑하고 있다. 이 산업은 일본의 기술자와 경영자의 땀으로 쌓아올린 것이다.

그러나 여기에 우려할 만한 것이 있다. 틀림없이 일본은 모터 제조 면에서는 우수한 힘을 갖고 있고 품질의 좋은 것을 대량으로 제조하는 기술과 조직력을 구축하여 왔다. 물론 설계의 역량도 중요한 것이다. 그러나 서론에서도 언급한 것과 같이 여러 모터의 기본적 원리의 발명은 모두 유럽과 미국에서 행해진 것을 다시 지적하여 두고 싶다. 단 초음파 모터만은 사시다 토시오(指田年生)라고 하는 일본인이 발명한 것이고 금후의 발전이 기대되고 있다. 그러나 문제는 공업력이 빠른 속도로 신장하고 있는 주변의 NIES(신흥공업 경제지역)가 소형 모터의 제조에도 강한 흥미를 나타내고 있는 점이다. 그리고 아시아의 여러 나라에 여러 가지 형태로 기술이전이 행해지고 있다. 물론 이와 같이하여 아시아의 인접 국가가 풍요롭게 되어가는 것은 바람직하다. 그러나 영국이 기초적 발명에 치우쳐 개선이나 설계와 제조기술에 별로 힘을 기울이지 않은 것이 결코 바른 선택이었다고 말할 수 없는 것과 같이, 일본이 기초적 연구보다 개량과 제조기술에 너무 편중하고 있는 것 또한 오진이었다는 것이 명백해지는 때가 오지는 않을지. 이 책의 여기저기서 지적한 것과 같이 현재 여러 가지 모터가 있지만 최상인 모터라고 하는 것은 없다. 그러므로 조금씩 개량됨에 따라 브러시리스 DC 모터가 새로운 용도를 찾아내거나 아니면 브러시 부착 모터가 수요를 늘릴지도 모른다. 산업계에서 이와 같은 활동이 행해지고 있는 동안에 일본의 어디인가에서는 보다 근본적으로 새로운 원리의 연구가 신중하게 행해질 필요가 있어야 할 것이다.

고전적 모터의 원리형식, 파워 일렉트로닉스에 의한 구동, 마이컴 제어 등에 대한 근본적인 것은 제3장에 소개한 메카트로라보를 이용한 실험과 고찰에 의해서 효율적으로 배울 수 있을 것이다. 그러나 새로운 원리는 물리학, 화학, 수학 혹은 생물학 등의 기초적 연구로부터 생겨날 가능성이 높다. 과학의 능력이 뛰어난 개척자 정신에 정열이 솟아오르는 젊은 사람이 이 방면의 연구를 지향할 것을 바라며 끝을 맺고자 한다. 롱비치의 퀸 메리호의 선실에서 집필을 시작하고부터 1년이 경과하였다.

겐죠 다카시

부록1. 모터의 분류

소형 모터의 분류에는 여러 방법이 있지만, 모터의 기본적인 구조에 대하여 먼저 대분류, 소분류로 하고 그것을 운전형식에 대해서 분류하여 보는 것이 적당할 것이다.

〈운동형식에 의한 분류〉
(1) 회전형 모터(로터리 모터)
(2) 리니어 모터(이것을 2개 조합하면 플레이너 모터)
리니어형과 비교하여 로터리 모터는 훨씬 생산량이 많고, 종류도 다양하다. 이하는 로터리 모터의 소분류이다.

[A] 브러시와 정류자를 갖는 형식
A1   직류전원으로 회전하는 모터
  A1.1   영구자석 모터
    A1.1.1   슬롯형(슬롯 부착 철심을 로터에 사용)
    A1.1.2   슬로트리스형
    A1.1.3   무빙코일형(코어리스형)
    ●외측계자방식(로터의 바깥에 영구자석을 배치)
    ●내측계자방식(로터의 속이 비어 있는 곳에 자석을 배치)으로 권선의 형식에 의해 더욱 세분류된다.
      -하율하바형(하니캠형)
      -볼 권선형
      -능형(菱形) 코일형
      -벨형

A1.1.4   판형 모터

●프린트 모터(타발 코일 사용)

●팬 케이크 모터(통상의 에나멜을 이용)

A1.2   전자석 모터

A1.2.1   직권 모터

A1.2.2   분권 모터

A1.2.3   타려 모터

A2   교류전원으로 구동하는 모터

A2.1   유니버설 모터(교류정류자 모터)

[B] 교류 모터 형식의 모터

B1   교류전원으로 구동하는 모터

B1.1   동기 모터(회전속도가 전원주파수와 일정 비율)

B.1.1.1   히스테리시스 모터

B.1.1.2   릴럭턴스 모터

B.1.1.3   권선계자 모터

B1.2   비동기 모터(유도 모터)

B1.2.1   상자형 유도 모터

B1.2.2   절구전류 모터

(동기 모터와 비동기 모터에는 3상 모터, 2상 모터와 단
상 모터가 있다. 철도용 리니어 모터는 유도 모터이다)

B2   브러시리스 직류 모터(직류전원과 작동회로로 작동한다)

B2.1   슬롯 부착 철심과 통상의 코일 방식

B2.2   슬로트리스형

B2.3   시트코일형

B3.4   링코어형

[C] 스테핑 모터 형식의 모터

C1   스테핑 모터(직류전원과 작동회로로 작동한다)

  C1.1   VR(가변 릴럭턴스)형(영구자석은 사용하지 않는다)

  C1.2   PM형(원통형의 영구자석을 이용하는 형식이지만 최근에는 적다)

  C1.3   하이브리드형(HB형, 복합형)

  C1.4   클로폴형(가장 생산량이 많은 스테핑 모터, 산업계에서는 이것을 PM형이라고 부른다)

  C1.5   디스크 마그넷형(VR형과 하이브리드형에 대해서는 회전형과 리니어형도 있다)

C2   초저속 동기 모터(하이브리드형의 구조로 단상교류전원으로 작동)

[D] 압전 세라믹을 이용한 모터

D1   세라믹 모터(미소운전용)

D2   초음파 모터

       전자력 대신에 압전소자가 발생하는 초음파의 파동과 마찰을 이용하는 로터리와 리니어 모터

여러 종류의 모터

부록2. 모터의 발전 연표

모터 발전의 역사적 과정에 대한 상세한 것은 잘 알려져 있지 않지만, 19세기 후반부터 20세기 초에 걸쳐서 교류 모터와 직류 모터의 발전이 있었다는 것은 확실하다. 예를 들면 1865년 독일에서 태어나 정치에 개입하였다가 1889년에 미국으로 망명하여 제도공이 된 스타인메츠(Steinmetz)는 1893년에 GM사에 입사한 후 위대한 업적을 남겼다. 당시 미국도 전기기술이 미숙련 상태에 있어 발명왕 에디슨과 그 아들이 직류전송에 열중하고 있었다. 그것에 대해서 그는 교류 전송에 관심을 나타냈다. 그는 교류에 있어서 중요한 히스테리시스 현상의 연구에 큰 업적을 남겨, 교류전기기계(트랜스, 발전기, 모터)의 진보 및 미국의 전기사업에 크게 기여하였다. 그러나 모터 분야에서 구체적으로 언제, 어떻게 개선과 발명이 행해졌는가에 대한 상세한 자료는 갖고 있지 않다.

이하의 연표는 발명 및 이론과 전기사업의 진보에 있어서 중요하다고 생각되는 사건과 참고가 되는 사실들이다.

1820 아라고Arago (프) 전류에 의한 철의 자화실험

1820 외르스테드Oersted (덴마크) 전류가 흐르는 전선 근처에 자침이 힘을 받는 것을 발견

1820 앙페르Ampere (프) 외르스테드의 발견에 설명을 붙여 암페어 법칙을 제창

1824 아라고Arago 회전자기의 실험

1831 헨리Henry (미) 자기 인덕턴스의 현상을 발견, 근대

모터의 발명자라고 불림

1831 패러데이Faraday (미) 전자유도실험

1833 Richie (영) 전자식이 회전하는 모터를 만듦

1834 Jacobi (소) 정류자를 이용한 모터를 만듦

1836 대번포트Davenport (미) 직류 모터를 만들어 선반을 돌림

1838 데이비슨Davidson (영) 직류 모터를 만들고 그 후 수 년간 철도, 인쇄, 선반 등에 응용하였지만 당시 발달하여 온 증기관차 엔진의 방해에 봉착

1860 파치노티Pacinotti (이) 모터와 발전기에 이용할 수 있는 환상전기자를 발명하였지만 별로 흥미를 끌지 못함

1867 지멘스Siemens 형제 (독, 영) 근대적 발전기를 만듦

1867 그람Gramme (벨기에) 파치노티의 발명을 개선하여 교류발전기를 만듦. 이해에 패러데이 사망

1872 아크등의 전원으로 교류발전기가 나옴(패러데이의 발명이 상업 베이스로 이용되기까지 약 40년 걸림)

1873 맥스웰Maxwell (영) Treatise on Electricity and Magnetism을 저술(패러데이의 실험 등을 기초로 전자기의 이론을 전개하여 20세기의 많은 발견을 끌어내는 기초가 되었다)

1882 테슬라Tesla (미) 부다페스트에서 2상 교류 모터의 아이디어를 얻음.

1885 패라리스Ferraris (이) 회전자계의 원리 발견

1887 테슬라Tesla 자신이 발명한 2상 교류 모터를 구동하기 위하여 2상 발전을 발명

1888 테슬라Tesla 역사적인 강연「교류 모터와 변압기에 의

한 신전력 시스템」을 행함. (그 후 연도 불명) 웨스팅하 우스사를 위해 단상 분상형 유도 모터를 발명. 이 모터 를 위해 60Hz를 동사(同社)에 채용시킴.

1889 돌리보 도브로볼스키Dolivo Dobrowolski (독) 3상 상자형 유도 모터를 만듦

1893 스타인메츠Steinmetz (미) GM사에 입사

1907 텅스텐 필라멘트 램프가 나옴

1918 리벤스Livens (영) 『The Theory of Electricity』를 저술. 이 책에 자화에 의한 힘의 수학적 표현의 연구가 기재되어 있다. 히스테리시스 모터도, 열기계 직접 에너지 변환도 이 표현에 의해 설명 가능하다.

1919 워커Walker (영) 스테핑 모터의 분해능을 향상시키는 구조를 발명

1927 영국의 군함에 VR형 스테핑 모터가 이용됨

1937 Teara (미) 히스테리시스 모터Hysteresis motor 제작 이론과 실험논문을 발표

1942 크론Kron (미) 전기기계의 텐서Tensors 이론을 저술

1948 미국 벨연구소에서 트랜지스터가 발명됨

1952 Feiertag와 도나후Donahoo (미) 하이브리드형 스테 핑Hybrid Stepper 모터를 발명하여 GM사가 특허출원

1957 미국에서 VR형 스테핑 모터가 수치제어에 이용됨

1966 헨리Henry-보도Baudot (프) 프린트 모터를 발명

1971 미국에서 최초의 마이크로프로세서가 나타남

1982 사시다 토시오指田年生 (일) 진행파형 초음파 모터를 발명

모터를 알기 쉽게 배운다

장난감으로부터 꿈의 모터까지

1 쇄 1992년 12월 15일
중쇄 2017년 11월 06일

지은이 겐죠 다카시
옮긴이 김재관·김영석·우종수·이규창·이희창·차상윤
펴낸이 손영일
펴낸곳 전파과학사
주소 서울시 서대문구 증가로 18, 204호
등록 1956. 7. 23. 등록 제10-89호
전화 (02)333-8877(8855)
FAX (02)334-8092
홈페이지 www.s-wave.co.kr
E-mail chonpa2@hanmail.net
공식블로그 http://blog.naver.com/siencia

ISBN 978-89-7044-780-3 (03550)
파본은 구입처에서 교환해 드립니다.
정가는 커버에 표시되어 있습니다.

도서목록

현대과학신서

도서목록

BLUE BACKS